U0332523

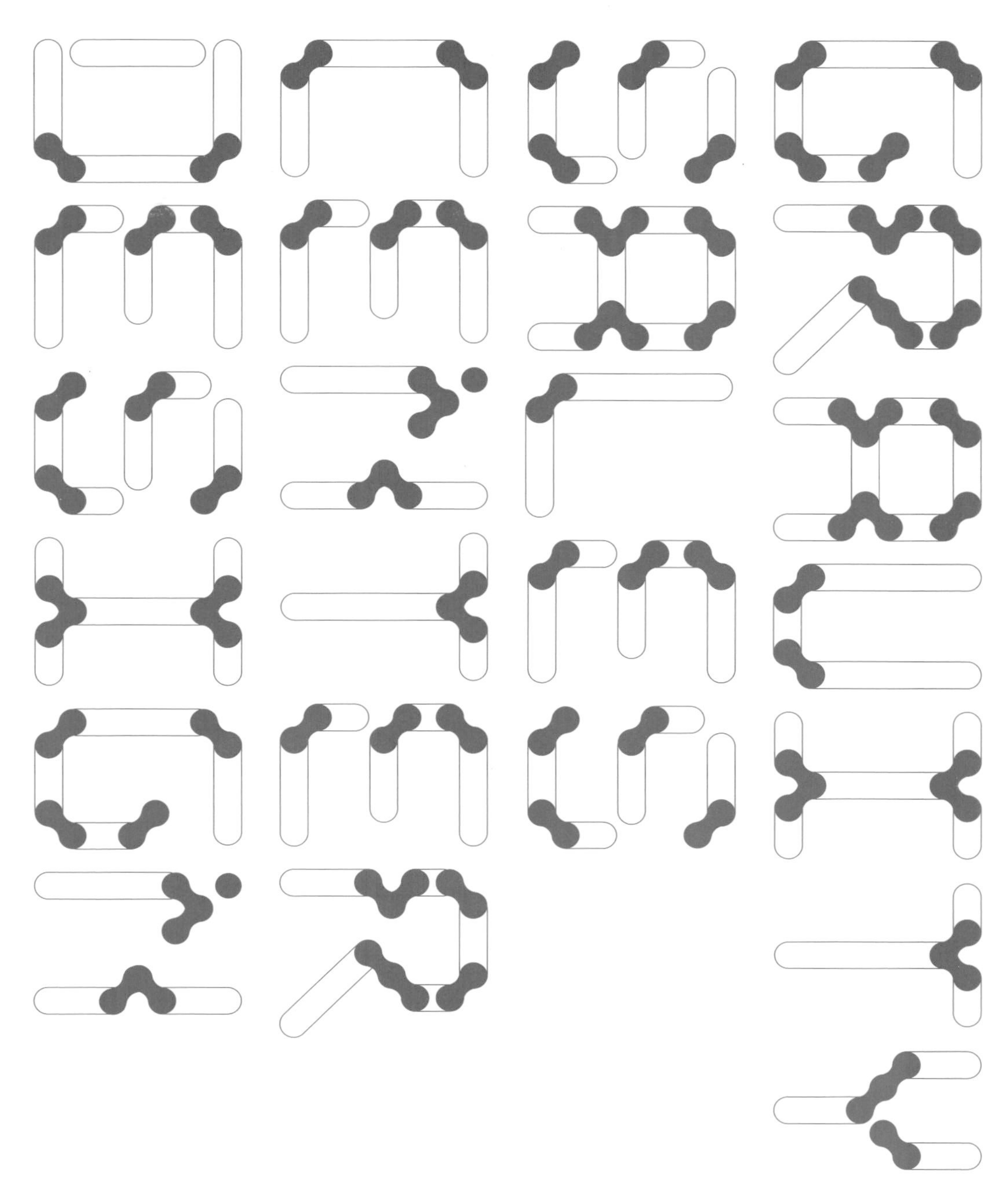

万有引力

售楼部设计VII

GRAVITY

SALES CENTER DESIGN VII

策划 / 欧朋文化　　主编 / 黄 滢　马 勇

天津大学出版社
TIANJIN UNIVERSITY PRESS

CONTENTS 目录

A ORIENTAL LEGEND 东方传奇

B Exotic Beauty 异域风情

MODERN STYLE
现代风范

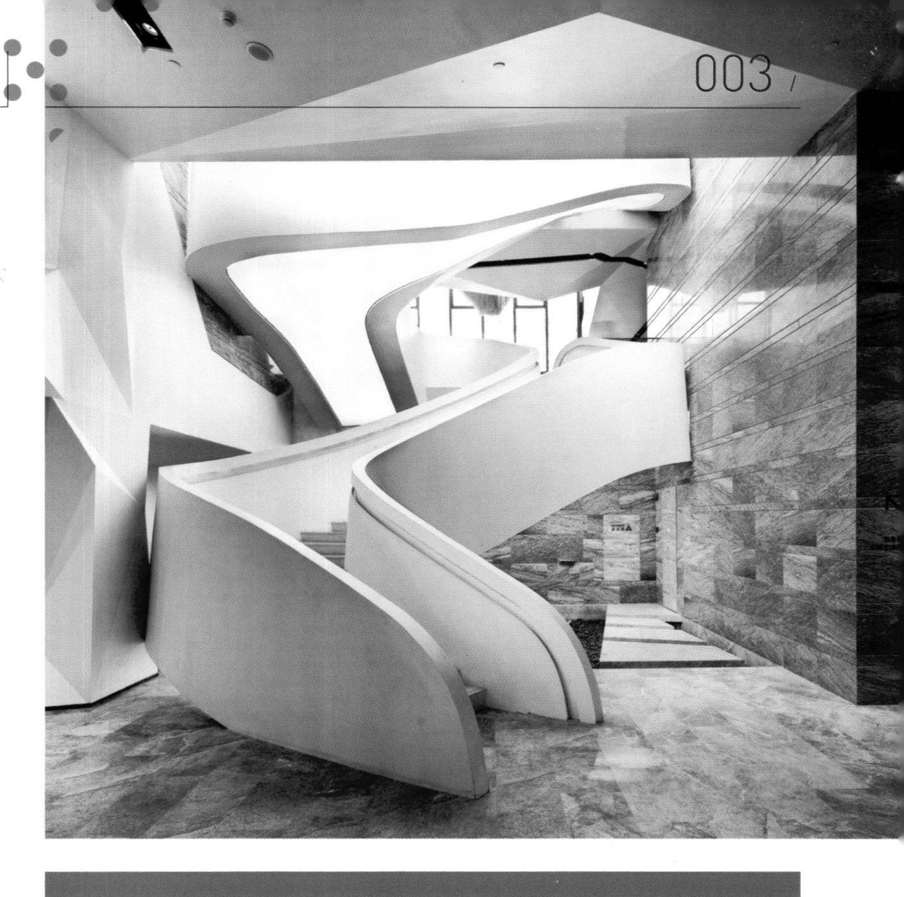

PREFACE
序言

售楼部设计的N种可能

甘泰来

甘泰来，来自台湾的一匹设计黑马，在祖国大陆的设计舞台上迅速蹿红，数年间留下多个令人称道的商业空间作品，从餐厅、KTV到售楼部，多元而时尚的气质配合识别性极高的造型设计，加之对空间内在气质的准确拿捏和丰富材质的对比应用，擦亮了业界的眼睛。

开放的设计观

一个优秀的设计师，本身也是一个具备独立思想的哲学家，甘泰来创立齐物设计，公司名称取自《庄子》的“齐物论”，认为要达到逍遥游的目的，必须先让自身能够齐是非、齐万物，视万物为同一。他认为“万物等量齐观”最能概括他的设计观。他对人、事、物始终保持一种开放的态度，对多种不同规模、不同类型、不同属性的设计保持着高度的兴趣。他并不执着于所谓的风格设计，在他看来风格设计只是设计师的基本技能，而真正的重心在于风格之外的无形思考。比如齐物擅长的商业空间设计，本身是一种非常理性的工作，业主预算、市场策略和不同商品的属性，包括时间上的紧凑性，这些都会影响他对空间定位的思考和拿捏以及用怎样一个创意性的观点去切入，为它提供一种新的可能。

从有形到无形的成长

回顾齐物近几年的作品，每一次亮相都带给人们不一样的体验，如果每个阶段的设计特点都用一个词来形容，串起来可以看到这样一条发展轨迹：外形抢眼—五感体验—情感交流—放松包容，这是一个从有形到无形再进一步提升的过程。

一开始看甘泰来的设计，那如雕塑般的几何造型，夸张的舞台式设计，都能迅急地抓住受众的眼球。

接下来进入“五感”体验阶段，从视觉、听觉、嗅觉、味觉、触觉来关注空间的设计和使用。比如在设计餐厅时不只局限在空间本身，连料理的行为，食材的色、香、味统统考虑进去。再比如在设计阳明山上的一个作品时，将建筑与基地环境的互动全部考虑进去。最美的视野、风的抚触、温度的变化、声音的起伏、花木的香味、森林芬多精带来的呼吸体验，所有跟感官相关的元素都被纳入互动的范畴。

再下来，甘泰来更加注重在空间中的情绪酝酿和氛围解构。空间以人为主，但空间本身也可以成为主角，两者具有互为主角的可能。比如一个舞台，即使是一堵白墙，它也可以因为色彩缤纷的表演者、轻灵多变的舞姿、灯光道具的投影而变得鲜活起来；反过来，如果是一个富丽华美的背景，它也可能将表演者吞没和弱化。当我们承认空间可以有独立性时，氛围也就可以被拿捏了，冷酷的、温暖的、颓废的、性感的、放松的，利用不同物料材质的特点，配以不同的灯光处理手法，包括配饰和家具的选择等，使其在空间中交互、交流、交融，最终成为一个独特的综合体。

到现在，历经多年的设计历练，甘泰来认为自己近年来的创作方式向着更为轻松从容的方向改变。在他看来，设计来源于生活、服务于生活，把抽象的设计思考向生活化、人性化方面转变，轻松一点，从容一点，幽默一点，无论对业主、设计师还是使用者都将是愉悦的体验。

当齐物的事业版图从台湾到香港再扩展到大陆，所有的设计经历，让他越来越如鱼得水，在他看来只有将全球思考融入地方智慧才能让一件设计作品扎根当地。全球化的设计思潮再前卫、再时尚，也

要与项目所在地的文化、习惯、审美、需求相结合，这样才能最大化地发挥项目的价值。作为一家提供纯设计的公司，跟供应商、施工单位等上下游单位有很多合作沟通的机会。相比台湾、香港和大陆的施工单位，甘泰来相当欣赏香港施工单位的执行力，他们会主动绘制出全套施工详图，这样虽更耗时，但落实上则更到位。

说起齐物作品的灯光设计，很多人会用行云流水、恰如其分来形容。谈到灯光设计的心得，甘泰来讲了两个关键：轻、重、缓、急和点、线、面。灯光是空间的构成要素之一，哪怕是黑白灰的空间，经由灯光的巧妙安排，也会让空间呈现出一种新的生命力。光的控制讲究有轻有重，有高潮有转折，柔起来温情婉约，豪起来阔放豁达，营造出空间独特的戏剧性。点、线、面的思考有利于空间布局的系统性，灯需要一个互动的对象，在空间中能够与灯互动的就是天花板、地面、墙壁这些面和不同的物件，而把灯光以不同的方式应用在不同的材质上，又会产生完全不同的观感。

探索新的可能

甘泰来近年来的售楼部设计作品好评如潮，问及售楼部设计的创意方向，他谈到了多种途径。首先是售楼部外观的设计，从最初的朴实简约到追求造型夸张再到现在的适度收敛，正在经历一个从初级到高级的转变。同环境呼应融合，也是一个优秀售楼部的必备要素。而随着科技、材料的进步，功能更先进、组合更多样的售楼部也开始涌现。

而甘泰来正在做和正在思考的是如何开发出售楼部的更多可能，使之与艺术、生活、展示、体验、休闲、交流等更多功能相融合，让售楼部不局限于一个销售空间，而成为更开放的、具有更实际使用功能的，让人倍感轻松、愉悦而愿意停留下来的，融合多种功能的新型售楼部。

至于新售楼部会是什么样子，等新作品落成公布后，大家就会恍然大悟，原来售楼部还可以这样用。未来，让我们拭目以待。

PREFACE 序言

在地与国际，瞬间与持久

光合空间室内装修设计股份有限公司

陈 鹏 旭

1. 在您心目中，优秀售楼部设计的标准是什么？

售楼部的设计，如同一个小型建筑的综合规划设计。然而，房地产往往是资本高度密集的行业，同时也需要资金能够快速回笼，那么便需要最炫目的场所为大家打造梦想的环境，这便是售楼部的主要功能所在。那么，仅仅只是在售楼部里不断地加入最名贵的建材，名贵的家具、电器、设备，如此而已吗？我认为，优秀的售楼部应融入在地的特性与特质，适度地表现在这一临时性建筑体上，毕竟它将暂时地改变都市景观或地景状态。再者，加入节约、环保、再生等绿色建筑设计思想，让售楼部不再只是金碧辉煌的商业交易场所。

2. 如何传达地产专案的在地特性，并以国际设计理念表达出来？

设计者如果能够将城市融入设计思考，那么售楼部将会是一件有意义的城市大型雕塑或地景艺术品，让生活在城市中的人们，保存一份美好的短暂城市景观体验。加入节约、环保、再生等绿色建筑设计思想，让营运阶段与复原拆除后的材料再利用更能符合永续再生的环保新思维。

3. 售楼部以销售功能为主导，是地产销售的重要行销道具，要求瞬间吸引眼球，制造话题，从设计的角度，如何能够快速吸引关注，体现专案的独特个性？

设计者如能够将临时性建筑物——售楼部，融入在地特色思维、个案建筑特色、永续再生的环保新思维，相信能够快速吸引关注，体现专案的独特个性。

4. 售楼部在台湾往往被界定为临时建筑，存在时间很短，在这种瞬间存在之后，有没有后续回收再利用、环保再生的考量？

在台湾，据我所了解，关注于后续回收再利用、环保再生的考量所占比例并不高。这也是近年来我们所关心的方向与议题。

5. 在售楼部短暂的存在过程中，有没有哪些是设计师希望能被受众体会到，或者能持久保留下来的特质？

友善地对待环境与空间使用者，是我们期待能被受众体会到的特质。

PREFACE
序言

艺术与商业的亲切互动

仲向国际设计顾问有限公司

主持设计师：张祐铨

设计团队经历过各式不同规模的设计、规划与施工项目，借由丰富的经验与团队激荡设计的做法，由主持设计师针对项目进行详细分析及研究，进而率领团队达成完整的设计表现及目标。身兼专业建筑设计师与设计教育工作者的身份，主持设计师致力于将建筑与室内设计元素的无限延伸性发挥至淋漓尽致，且完美运用于各个项目。仲向期望借由专业的表现达成其设计独特性，借由综合设计、数位科技及质量管理，进而对设计领域有正面的贡献。业主的期许及要求是设计团队的原动力，目标是满足业主需求并完美结合仲向的设计理念、施工成果，以达成圆满的成果。

1．我们知道售楼部本身就是一个售卖梦想与远景的地方，您认为售楼部呈现出什么样的面貌最能打动消费者？

相信从消费者的角度来看，其参观的接待中心可能不计其数，但一个令人难忘、品味独特的接待中心，可曾在他们心中留下深刻的印象?售楼部是一个给买卖双方提供机会的地方，但我认为这不仅仅是洽谈协议的场所。一个优秀的接待中心，给人以良好的第一印象与宾至如归的感受是首要条件，同时创造产品本身的特色，方便消费者轻易且深刻地了解建案内容，我相信这些都是缺一不可的。

2．售楼部常常通过售卖空间与样板房为买家描绘一个美好的生活远景，以激发买家的消费欲望，如果让你来想象，你觉得未来十年的生活方式与现在的生活会有什么不同？你觉得理想的生活状态是怎样的？

华丽的接待中心，配合前卫时尚的样品屋，诸如此类的表现手法为现下最常见的接待中心表现形式，但处于房产竞争激烈的时代，传统手法已经无法满足市场需求，因此地产销售如同一面镜子，必须反映时下需求，并与当地城市产生良好的互动。因此售楼部的设计需要多方向思考，多元化地将本土性质建立于国际视野上，如同万花筒般灿烂夺目。

3．售楼部以销售功能为主导，是地产销售的重要营销道具，要求瞬间吸引眼球，制造话题，从设计的角度，如何能够快速吸引关注，体现项目的独特个性？

建筑本身亦是城市的容貌，若以设计观点切入，接待中心如同一个大型的艺术品，其中蕴涵着商业营销与建筑概念的暧昧空间，而我们希望在这瞬间而永久的关系中能取得一个平衡点，因此独树一格的设计概念是展现项目的良好开端，创造优良的印象与难忘的体验是至关重要的条件。

4．售楼部一般要求体现或拔高项目的档次、品味、文化，我们知道文化的提升是一个渐进的过程，而地产销售却是追求瞬间爆发的效果，如何能够让消费者快速进入设计师所设定的情境或氛围当中？

当然，文化的提升必须历经一段漫长的时间，就个人观点而言，文化演变过程之所以缓慢，是因为当一个新的思想、态度初次被引入时，人总是需要一段缓冲时间，需要适应方能接受。如果将设计概念导入大众熟悉的元素，突破第一印象的难题，循序渐进地引导进入设计者设定的氛围，这将是一个好的开始。

5．售楼部在台湾往往被界定为临时建筑，存在时间很短，在这种瞬间存在之后，有没有后续回收再利用、环保再生的考量？

在建筑生命周期如此短暂的情况下，我们通常被要求快速建造并压低建材费用，但近年来环保意识不断提醒我们永续的重要性，生态意识与能源再生的观念已让绿色建筑成为新兴建筑中不可或缺的角色，不论是永久性或是临时性建筑，我们都秉持着生态、节能、减废、健康的观念进行设计。近年来所完工的接待中心皆对此方向特别考量，使用重复利用率高的金属构件以及无匮乏危机的木质再生材，跳脱以往接待中心使用结束后产生大量废弃物、浪费资源的不良印象。

6．在售楼部短暂的存在过程中，有没有哪些是设计师希望能被受众体会到，或者能持久保留下来的特质？

在设计过程中，鉴于建筑如此短暂的生命周期，我们期待每个项目都能发挥它本身应有的使用效益，给消费者一个愉快的参观体验。售楼部是一个商业及艺术紧密互动的集成，我们希望它所激荡出来的形态、造型语言能为当代设计提供一个承先启后的蓝本。

东方传奇
ORIENTAL LEGEND

台湾馥华云鼎接待中心
The Reception Center of Fragrance Prosperity in Taiwan

设计公司：动象国际室内装修有限公司
设计师：谭精忠
策展人：谭精忠
参与设计：陈任远、陈敏媛、赖妙宜
面积： 1 157㎡

Design Company: Trendy International Interior Design
Designer: David Tan
Curator: David Tan
Involved in the Design: Chen Renyuan, Chen Minyuan, Lai Miaoyi
Size: 1,157m²

盘龙向云

馥华云鼎接待中心的特别之处在于：不只是一个装点着艺术光环的售楼部，而是以美术馆标准建造的主题艺术展区。步入接待中心，以“有龙则灵”为主题的 26 件艺术品次第展开，从开局的蔡国强的《为龙年所作的计划N o.2》、朱铭的《太极系列·起式》、谢曹闽的《龙生九子》《红龙》，到路程中的展望的《假山石 57 号》、内田望的《电气龙》、常胜的《我是龙》，一直到王耀樟、林玮萱、黄启祯、叶铭、郑铃的《龙游天地 循

环无尽》，可谓高潮迭起、起承转合、衔接流畅，带给人强烈的艺术冲击与心灵震撼。一次参观过程，也是一场艺术的洗礼，一次眼界的开拓之旅，一次灵感的撞击之旅。

整个筹备创作也是突破常规的，本案设计师谭精忠既是空间的主创设计师，也是本次“有龙则灵”展览的策展人，还是邀约 15 位艺术家为本案专题创作的召集者、艺术创作的参与者，最终还是本次所有新创艺术品的收藏家。

多重身份带来了庞大而纷杂的工作量，但也给了设计师谭精忠整体统筹的自主创作空间。谭精忠在设计时仍把售楼功能置于设计的最前端，所有的布局、动线、气场都以顺畅完成销售为前提，而“有龙则灵”的主题也是源于该项目位居府中这一板桥达官贵人世居“龙脉之地”之上，可谓师出有名。在商业的平台上，用艺术的能量吸引各方关注，提升项目价值，实现多方共赢，是本案给业界的有益启示。本案的整个创作过程带来的启示又何止这些，那些看不见的内核往往更令人感动，比如：

设计师用他的热情、技术与能量展示他在空间创作中对新东方意涵的坚持与创新；

艺术品不再是空间简单的陈列摆设，而是与空间融为一体，相互映衬，空间是舞台、是背景，将艺术品的灵魂彰显，能量放大；

本次专题创作在广邀亚洲优秀设计师的同时，台湾本地艺术家也占了相当比重，这是对本土艺术创作实实在在的支持；

展览台湾身心障碍艺术发展协会——光之艺廊 5 位艺术家创作的《龙游天地 循环无尽》，暗指对社会特殊群体的关爱，并为之提供一个创作的出口。

这是一个销售的平台，艺术的展区，也是心灵的净化场。

东方情怀

跳出设计做设计，超越艺术做艺术。掀起艺术品的高贵面纱，让阳春白雪的艺术能通过商业的桥梁，得以与更多的人群亲密接触，一切来之不易。“有龙则灵”整个策展过程耗时一年多，投入其中的心血与精力已经不能用所谓的商业回报去衡量，没有强烈的爱好与巨大的热情无法完成如此艰巨的工程。谭精忠不计一切地投身其间，推动着所有的工作向着设定的目标勇往直前，甘苦自知，并带着一抹理想主义者的浪漫情怀。好在所有的付出总有回报，“有龙则灵”开展当天得到艺术界、收藏界、地产界的热烈回响，开展之后越来越多的市民到现场参观，而购房业主对艺术展的认可与喜爱也给销售人员带来别样的惊喜。

看到心血结晶得到美好回应，谭精忠为之欣慰。从事设计工作 28 年，他一直在积极思考如何将东方文化与现代生活相融合，创造出具有新东方意涵的设计空间。他从来不认为从古老的文化中抽取一些古旧的片断，或用一些耳熟能详的图腾进行包装，或者堆砌一堆东方元素就是新东方。他说：“东方美学，并不是一个地理概念，不限于大陆、香港、

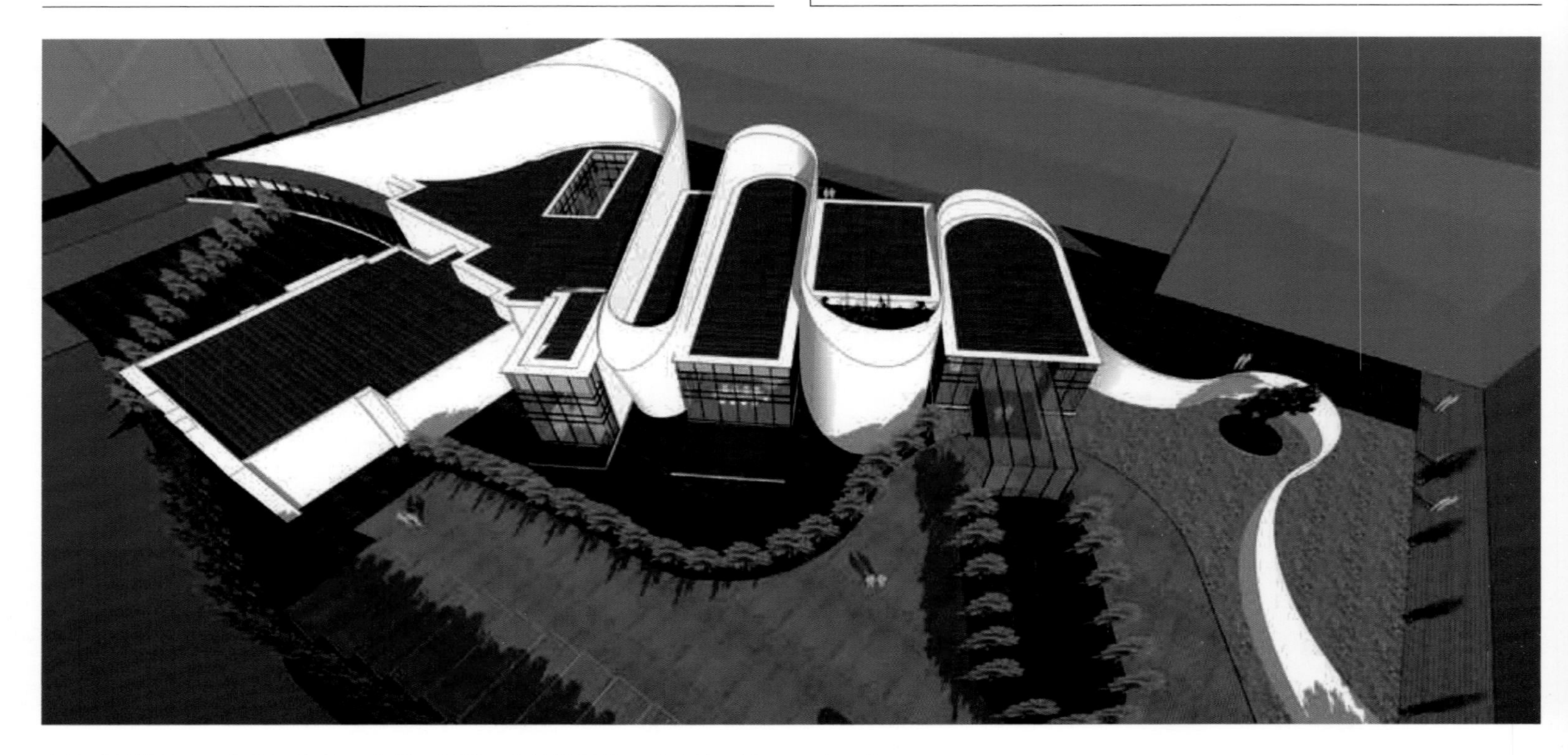

台湾或其他地方，气质、气韵、文学、影像、建筑等都是它表达的工具。它是低调的，但低调并不代表不张扬，东方美学的魅力还在于表象之后的意味，不让你一览无余。在实践中，我希望表达出来的东方美学轻松、自然、不刻意。它是一般人都能够理解的。”在谭精忠设计的空间里，你看不到金碧辉煌的堆砌，却在高尚的品味、优良的选材与恰到好处的搭配中，散发出浑然天成的自信与醇厚；没有咄咄逼人的骄傲，重视的是亲情、和睦及对个体的尊重与保护，还将一些美好的回忆延续到未来的生活中去；没有迫不及待的炫耀，而是在具有东方特色的幽深意蕴中，为您献上一份金相玉质、内外俱美的品质生活。

新东方是在尊重自然规律、人文情怀、生活习惯的基础上，于海纳百川的容纳与吸取中，融入美学意念，用创新思维、概念和手法创造出来的，具有生机、变化和绵绵不息特质的东方韵味。永续生命，精进不已，是谭精忠的设计态度，从业 28 年来，他一直在为设计寻找更多可能、有力的创新方式。他在艺术领域发现一片广阔天地，这里有深厚的文化、活泼的思维、前瞻的思考、颠覆的精神，也蕴涵着无穷的力量和无限的可能，十多年来积极探索艺术与设计的结合，让他找到了新的发力点和前进的方向。

他说：“每个人的心中都有一幅山水画。”从 2009 年开始，他希望每年都能举办一场艺术展。2011 年 12 月，他策划了名为“无声之诗”的艺术展，希望用艺术来解读每个人心中的潇湘意境。2011 年，他在都峰苑接待会馆开启了“全面结合空间与艺术”的模式，推出了“一瞬之光”的主题展，汇集了 40 位台湾当代艺术家的作品，呈现了艺术家对瞬间而极致的感动与喜悦的体悟。而后在高雄“都厅苑”策划了名为“人间出格”的主题展，邀集了 21 位亚洲当代艺术家，探讨了艺术与生命情境对话的无限想象。

一系列成功运作之后，“有龙则灵”是综合了此前经验与感悟的又一次创新爆发。

有龙则灵

馥华云鼎接待中心结合艺术展览的主题“有龙则灵”，以“包容的想象”作为艺术策展与空间构思的开端。

龙，是心相的投射，反映每个人的想法，甚至是浓缩了一个民族文化的精华。在设计发展的过程中，这样的概念和空间同时衍生，产生作用，互相影响，进而成就彼此。

“龙”不仅是某种象征的具体化，而且是产生召唤力的能量核心，在过程中可转变为带有正面能量的介质。借由多元的介质，最后让它散发和谐、愉悦的调性，并塑造无限大的想象空间，营造成让参观者重新看待艺术、体验艺术的场域。

艺术长轴

馥华云鼎接待中心基地狭长，为串联道路与后方建案，平面规划以带状的配置方式作为空间设计的切入点，继而以曲线的转折回绕，顺势分割出不同使用功能的空间。在占地 5 000 平方米的土地上，由低而高，盖出占地 1 500 平方米的接待会馆，以蜿蜒向上的龙身意念、流水曲线表达龙行无阻、盘龙出云的气韵、排场。

量体造型以倾斜的墙体与由前而后、渐次升起的轮廓线，呼应飞扬彩带和蜿蜒龙形的设计意象。基地前端的无边际景观水池，除了倒映空间的影像，延伸视觉的深度外，并可起到分隔基地内、外空间的功用。

建筑的形体与本次“有龙则灵”的主题遥相呼应，更巧的是蜿蜒龙形的白色墙体，与蔡国强火药爆破作品《为龙年所作的计划 No.2》的龙体具有奇妙的相似性，成为本次展览的趣谈之一。

建筑外观结合何仲昌的灯光设计，表达出龙游而上、生生不息的意向，使建筑本身也成为本次展览的艺术品之一。

设艺之间

作为著名的设计师以及艺术的爱好者与收藏家，谭精忠在空间与艺术的结合与转换上如鱼得水，各种设计手法运用得行云流水、畅快淋漓。艺术丰富了空间，成为照亮空间的明珠，而空间将艺术品的特点烘托得更为饱满，映衬得更为精致。

馥华云鼎接待中心建筑内部，曲线墙体与玻璃盒子的交互分割，使室内空间呈现多样的风貌。

主动线以起（入口大厅）、承（艺术廊道）、转（咖啡吧台）、合（洽谈区）的韵律，结合展览观赏与房产销售两种不同的行为，既不彼此干扰，又能互相帮衬。其间穿插户外庭园、景观水池与天井等空间，实虚空间的交叠呈现，丰富空间的意涵，并增添置身其中的趣味性。

接待区空间以开阔简洁为主旨，5 件艺术作品沿着墙身展开。入口右侧以朱铭的雕塑《太极系列 · 起式》迎接嘉宾的到来，拉开展览的序幕。正对入门处的红色墙体正中，悬挂着蔡国强的火药爆破作品《为龙年所作的计划 No.2》，蜿蜒的龙身与建筑的曲线相呼应，倍添趣味。左侧展台上隋建国的雕塑《衣钵》与《太极系列 · 起式》斜线相对，像是在进行一场思想的对话或意识的交锋，殊为有趣。而左侧墙身谢曹闽的油画《龙生九子》，表达的是本次展览的主旨之一，以“九”代表“新亚洲”概念下发展的区域多元样貌。

艺术廊道不长，利用墙身的凹凸营造出通道的错落感，颇有中国园林曲径通幽的味道。第一个亮点是镶嵌在黑色长框中的展望的不锈钢雕塑《假山石 57 号》，背景是白墙环绕的一片竹林，假山、青竹原本就是中国园林中最经典的画面，出现在这个通道里，既打开了室内与室外沟通的一个窗口，又可以艺术的创新带人进入极具现代感的潇湘意境之中。廊道中间展示的谢曹闽的油画《红龙》也是本次展出非常抢眼的一幅新作，将速度的隐喻转化成绮丽的曼荼罗之花，浓烈的色彩、急速的张力、强烈的气场从画面中满溢出来，占据整幅墙的空间，直让人目眩神迷。

咖啡吧台区以融合艺术家谢曹闽的作品《龙生九子》的概念与海洋意象的地毯作为空间主题，一海一山，一蓝一绿，与洽谈区互相呼应。在圆形的穹顶与深蓝的大海之间，一条由内田望以金属锻造的《电气龙》成为空间的焦点，有风雷之威的金属龙携带着科技时代的电气球，在云海苍穹中昂然挺立，犹如来自科幻电影一般摄人心魄。

洽谈区以艺术家常胜的作品《我是龙》的大尺寸影像输出为主轴，玻璃隔屏延伸作品的云雾效果，搭配高低错落的云形吊灯以及户外空间的水池和植栽，营造出缥缈清新的感觉。

建筑外观灯光创作
Building Facade Lighting Creation
何仲昌 Ho Chung Cheung

第一届世界设计大展交峰馆灯光设计制作执行与工设馆灯光顾问
韩国媒体艺术双年展艺术家展览技术指导
上海外滩美术馆建馆顾问等

这次的展览灯光设计规划回归到空间本身规划的概念——龙游而上、生生不息等意象。用最基本的光、影之间的关系来呈现，搭配建筑设计跟形象设计上的物件，用光来作元素转换结合的媒体。

艺术品导览

①蔡国强 Cai Guoqiang
《为龙年所作的计划 No.2》
"Project for the Year of Dragon No. 2"

②朱铭 Ju Ming
《太极系列 · 起式》
"Preparation, the Taichi Series"

③谢曹闽 Xie Caomin
《龙生九子》 "The Nine Sons of Dragon"
④《红龙》 "Red Dragon"

⑤隋建国 Sui Jianguo
《衣钵》
"The Legacy Mantle"

⑥图格拉 & 塔格拉 Thukral & Tagra
《捕梦网系列2》
"Somnium Genero - Agmen 2"

⑦彭弘智 Peng Hung-Chih
《内经图之龙形》
"Inner Scripture: Dragon"

⑧董心如 Tung Hsin-Ru
《熵龙》
"Entropy Dragon"

⑨展望 Zhan Wang
《假山石57号》
"Rockery No.57"

⑩杨仁明 Yang Renming
《知识分子——黑盒子及双面利刃》
"The Educated-Black Box & Double-Edged Sword"

⑪哈索诺 FX Harsono
《看见伤口》
"Watching the Wound"

⑫哈里斯 Haris Purnomo
《金翅鸟宝宝 2》
"Bayi Garuda 2"/ "Garuda Babies 2"

⑬普拉姆海德拉 J. Ariadhitya Pramuhendra
《零度重复》
"Zero Degree Repetition"

⑭李启豪 Li Chi-Hao
《云间树隐》
"Hidden Dragon"

⑮连建兴 Lien Chien-Hsing
《哲学散步之丘》
"Philosopher's Strolling Hills"

⑯姚瑞中 Yao Jui-Chung
《降龙图》
"Subdue the Dragon"

⑰指江昌克 Masakatsu Sashie
《钱币大小的世界》
"World in the Pocket"

⑱内田望 Nozomu Uchida
《电气龙》
"Electric Dragon"

⑲常胜 Chang Sheng
《我是龙》
"I Am Dragon"

⑳尹钟锡 Yoon Jong-Seok
《现实中的梦想生活》
"Dreams Live in Reality"

㉑林建荣 Lin Chien-Jung
"Zzz II"

㉒何孟娟 Isa Ho
《谁的城市我的家》 "Whose City Is My Home"
㉓《窗花》 "Chuang Hua"/ "Window Flower"

㉔吴季璁 Wu Chi-Tsung
《灯光计划001——光之旋舞》
"Lighting Project 001-Spin"

㉕王耀樟 林玮萱 黄启祯 叶铭 郑铃
Wang Yao-Chang, Lin Wei-Hsuan, Huang Chi-Jen, Yeh Ming, Cheng Lin
《龙游天地 循环无尽》
"Dragon to the Infinity"

㉖何仲昌 Ho Chung-Cheung
《建筑外观灯光创作》
"Building Facade Lighting Creation"

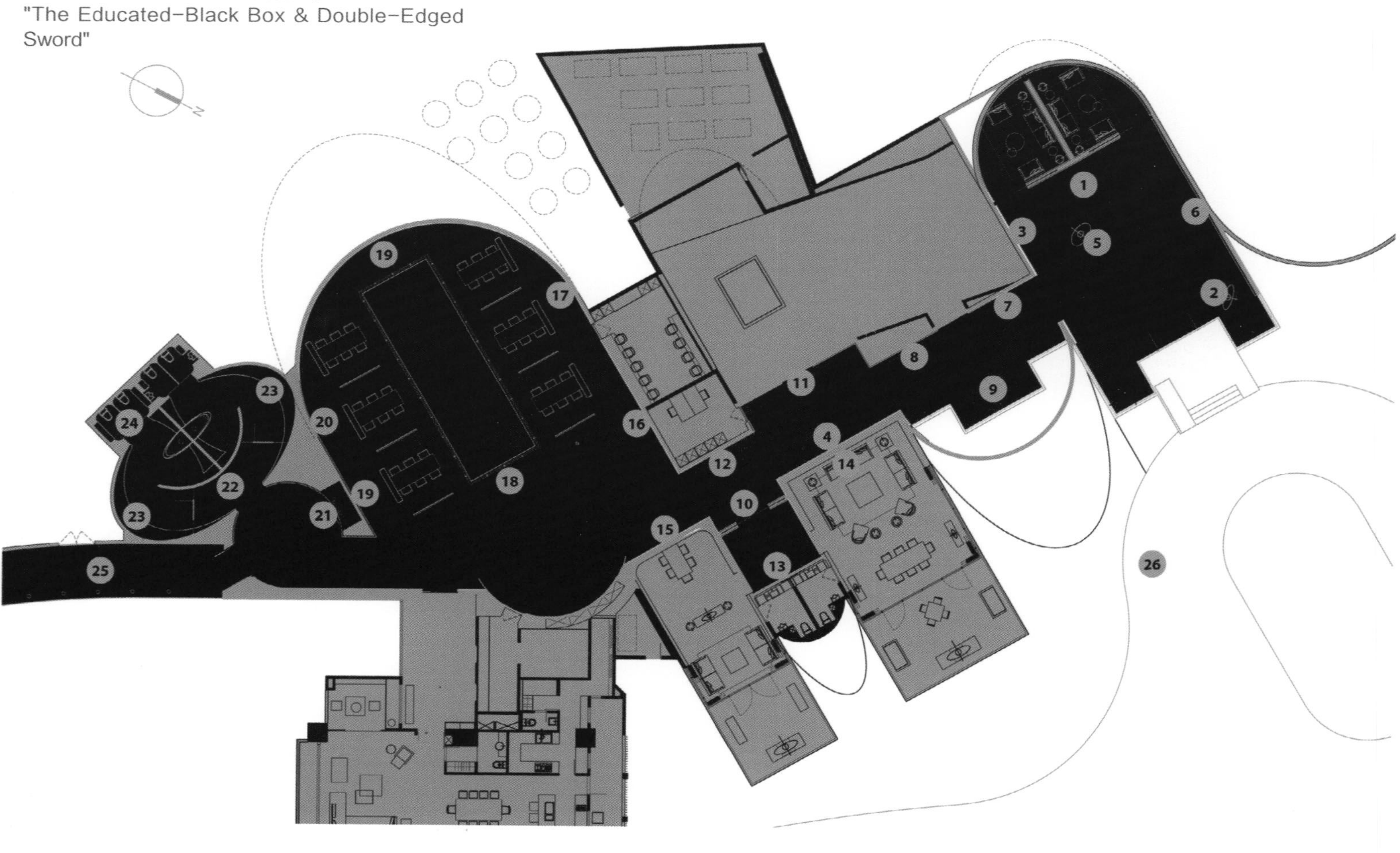

《太极系列·起式》 145cm × 95cm × 180(H)cm
铜雕 1991
朱铭（b.1938）
"Preparation, the Taichi Series" 145cm × 95cm × 180 (H) cm
Bronze Sculpture, in 1991
Ju Ming（b.1938）

朱铭出生于台湾苗栗，以纯朴的天性、卓越的才华，将过去赖以维生的木雕工艺，逐次提升为富有生命意味的艺术创作。其作品广泛而深切地感动了国人，已渐受西方社会瞩目。他曾获选十大杰出青年，获颁国家文艺奖章。朱铭现时仍于台湾工作，并在2007年成为第二个荣获福冈亚洲文化奖的台湾艺术家。

朱铭的“太极”系列享誉海内外，他将中国武学思想融入现代雕塑艺术——太极两仪的矛盾与圆融包含于其中。朱铭说：“太极拳是我所知道的一个‘人与自然结合’的最好例子。它是用人自己的身体（四肢、五官、血液、呼吸）来接触和模仿宇宙中的自然现象。”朱铭追求自然的韵律，透过练习太极、雕刻太极，达成“人与自然结合”的完美表现。《太极系列·起式》昂然挺立，不疾不徐地透出一股宁静和谐，简单的造型却散发出蓄势待发的动能，似乎即将展开一场自然的运动。

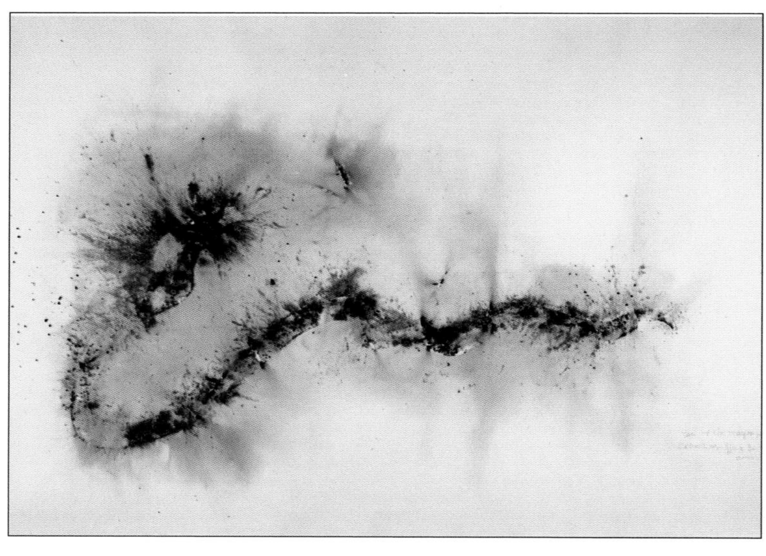

《为龙年所作的计划 No.2》
200cm × 300cm　火药爆破、水墨、纸本　2000
蔡国强 (b.1957)
"Project for the Year of Dragon No.2 "
200cm × 300cm, Gun Powder, Ink and Paper, in 2000
Cai Guoqiang (b.1957)

蔡国强1957年生于福建泉州，1984年开始使用火药进行创作，二十多年来，在国际艺坛上屡获殊荣，包括威尼斯国际视觉艺术双年展金狮奖、美国欧柏特艺术奖等。2008年为北京奥运会开幕式担任视觉特效艺术总设计师，亦是第一位在中国国立美术馆举办个展的当代华人艺术家和第一位在纽约古根汉美术馆举办个展的华人艺术家，成就卓越非凡。

他与其他艺术家最大的不同在于以表演为一种基础，加上具有中国的神秘哲学思想，及具有危险性与破坏性的火药，用破坏的方式建立新的东西，在大众的殷殷期盼中达到表演的高潮—— 一个爆破、一个结束与一个开始。他曾说：“火药本来就客观存在，关键在于如何把它转化成为形式，这才是艺术家追求的目标。”

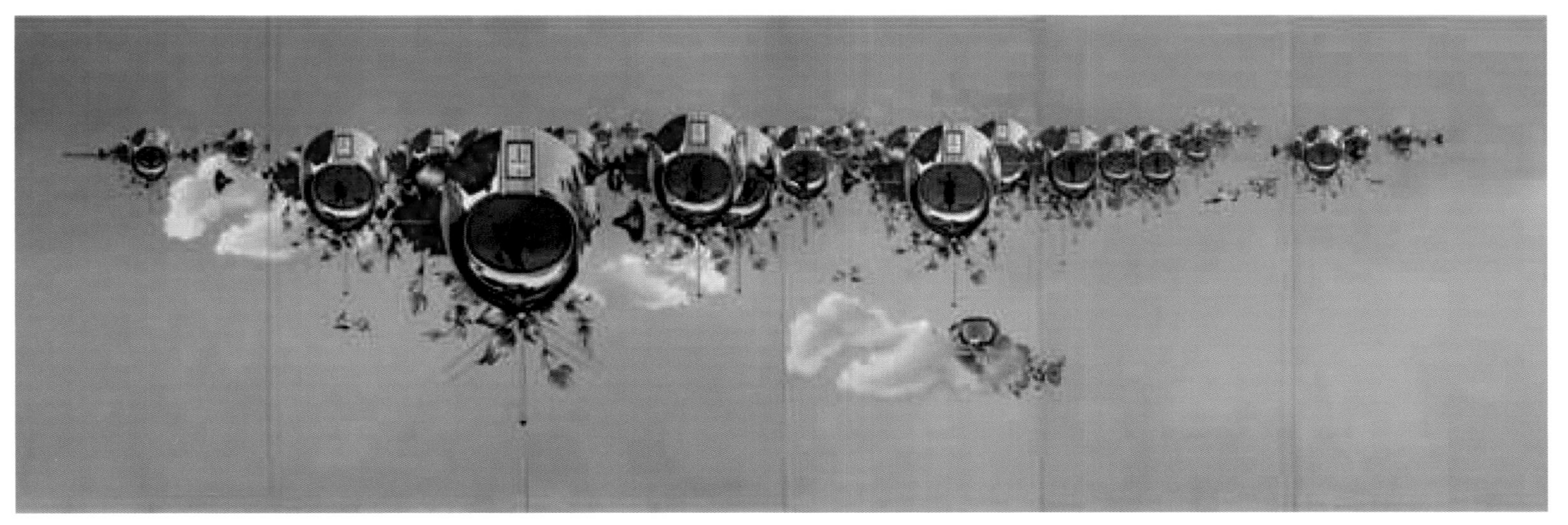

《捕梦网系列2》
244cm × 732cm 油彩、画布 2008
图格拉(b.1976) & 塔格拉 (b.1979)
"Somnium Genero – Agmen 2"
244cm × 732cm, Oil and Canvas, in 2008
Jiten Thukral (b.1976) & Sumir Tagra (b.1979)

近年多于世界各地举办个展及联展，2012年个展于德国柏林Nature Morte艺廊、奥地利维也纳当代Hilgar艺廊举办，参与北京尤伦斯当代艺术中心《印度快速道路》、丹麦阿肯现代艺术博物馆《装置——今日的印度》等联展。

捕梦网这个系列，非常贴近我们的心灵世界，因为它描述我们的梦和记忆。塔格拉笑着说："我们和心理医生共同合作，描绘出了一个看似真实可戴的机器，透过读取我们的想法，可以将我们做梦的画面反映在机器荧幕上。任何人戴上这个机器，都可以在荧幕上看到自己的梦。"这种结合了怀旧和前卫元素的构想，创造出独一无二的虚空间。

《龙生九子》
101.5cm × 101.5cm 9pcs 油彩、画布 2012
谢曹闽（ b.1974 ）
"The Nine Sons of Dragon"
101.5cm × 101.5cm 9pcs, Oil and Canvas, in 2012
Xie Caomin （ b.1974 ）

谢曹闽1974年生于上海，自1999年以来一直在美国创作和工作，目前任教于克莱顿州立大学艺术工作室。2010年于美国萨凡纳艺术与设计学院香港分院举办绘画个展，曾参与2010年VOLTA纽约当代艺术博览会、2009年VOLTA巴塞尔当代艺术博览会、2008年上海多伦现代艺术馆的电子媒体绘画群展等，并曾获得纽约部落非营利机构举办的2006年纽约国际艺术大赛2等奖、参与史密森学会国立肖像馆肖像大赛。

"龙生九子"的一个说法是来自明朝李东阳所撰《怀麓堂集》，谢曹闽以此对应人类世界发生的九种重大自然或人为灾难。在东方，龙的形象有趋吉避邪的意思，但同时，人们也认为龙年总会有较多的灾害。这反映出东方所特有的一种辩证观：没有灾难和邪魔就无所谓消灾避邪。邪魔与正道是一种共在的两极。这种辩证观反映了一种运动的宇宙观：事物总是处于变化之中。

《衣钵》
110cm × 90cm × 140(H)cm 著色铝雕 2005
隋建国（ b.1956 ）
"The Legacy Mantle "110cm × 90cm × 140 (H) cm
Painted Aluminum Sculpture, in 2005
Sui Jianguo (b.1956)

隋建国1956年生于山东青岛，现为中央美术学院雕塑系主任、教授。曾于新加坡当代美术馆、旧金山亚洲美术馆等重要美术馆举办个展。1994年获联合国教科文组织国际交流基金，前往印度作为期三个月的专业考察与交流，曾被评论家誉为"在观念主义方向上走得最早也最远的中国雕塑家"。

《衣钵》是一种历史的思考，文化的反思。最典型的标志是中山装，但它也是中国封闭、保守、僵化和文化专制的象征，隋建国从艺术的经验切入这个深刻的文化课题。此外，他将中山装置于巨大的神龛，以中国人崇拜祖先的传统方式来唤醒中国人正视自己的遗产，不管它究竟是一种包袱还是荣耀。

《红龙》
210cm × 210cm　油彩、画布　2012
谢曹闽（b.1974）
"Red Dragon"
210cm × 210cm, Oil and Canvas, in 2012
Xie Caomin（b.1974）

谢曹闽1974年生于上海，自1999年以来一直在美国创作和工作，目前任教于克莱顿州立大学艺术工作室。2010年于美国萨凡纳艺术与设计学院香港分院举办绘画个展，曾参与2010年VOLTA纽约当代艺术博览会、2009年VOLTA巴塞尔当代艺术博览会、2008年上海多伦现代艺术馆的电子媒体绘画群展等，并曾获得纽约部落非营利机构举办的2006年纽约国际艺术大赛2等奖、参与史密森学会国立肖像馆肖像大赛。

《红龙》作品中所使用的体裁，在谢曹闽的画中不是一个灾难，而是一个关于速度的辩证隐喻，他将令人不安的图像在绘画中转化为绮丽的曼荼罗，其本意就是一种从负到正的能量转换。

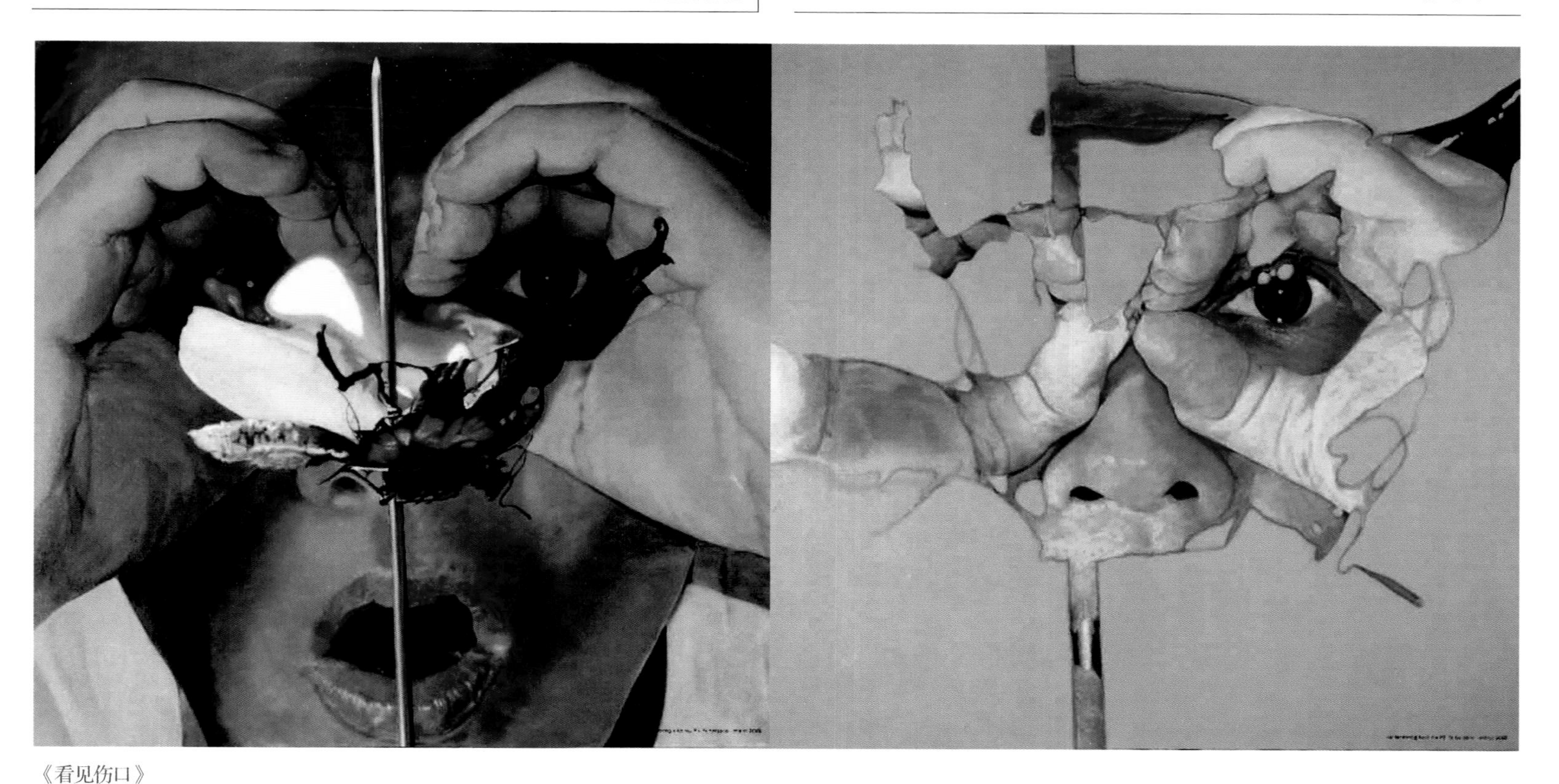

《看见伤口》
150cm × 150cm 2pcs
亚克力颜料、画布　2008
哈索诺（b.1949）
"Watching the Wound"
150cm × 150cm 2pcs, Acrylic Paint and Canvas, in 2008
FX Harsono（b.1949）

印度尼西亚一位华人血统的艺术家
1994年他在印度尼西亚国家艺术画廊举办了名为“Suara”的画展，展示了与印度尼西亚社会政治生活相关的事物，包括在政府发展项目中农民面对暴力和人权而丧失的土地与生命。

“伤口”并不单单是发生在特定的人物上，而是泛指所有的人类。艺术家说：“网络时代加快了信息与新闻普及的速度，但是事件的本质与意义却为人所忽视。事件中受害者的痛苦很容易被视为一场秀或电影……人们的同情如今都已被标上价钱，但是却没有人真正地去解决最根本的问题。贫穷的人、贫穷的城市，灾难、受害者，一再以相同的方式出现在新闻事件中，这样的现象引发我创造这样的作品。”

《假山石57号》
100cm × 250cm × 100(H)cm　不锈钢　2005
展望　（b.1962）
"Rockery No.57"
100cm × 250cm × 100(H)cm, Stainless Steel, in 2005
Zhan Wang（b.1962）

他的作品曾在英国大英博物馆、美国威廉姆斯学院博物馆、巴黎博览会、瑞士卢塞恩艺术馆等展出。2012年与路易威登（Louis Vuitton）合作，在台北路易威登中山艺文空间举办“无边无际的空间”个展。

不锈钢制的假山石是他1994年开始发展的系列。他大胆尝试以不锈钢取代原来庭园山水中介于自然与人工材质间的太湖石。不锈钢是工业时代后才有的一种材质，具有现代的视觉符号与特殊语汇，以其独特的材质语言与闪亮刺眼的质地重新诠释传统庭园山水，在自然与工业、现代与古典、真实与假造之间形成一种冲突与辩证关系。此种矛盾不但充满新的想象空间，也带来一种另类趣味。

《电气龙》
100cm × 160cm × 145(H)cm　铁、黄铜、玻璃　2012
内田望（b.1987）
"Electric Dragon"
100cm × 160cm × 145(H) cm, Iron, Brass, and Glass, in 2012
Nozomu Uchida（b.1987）

内田望1987年出生于日本横滨，2010年毕业于多摩美术大学美术与工艺学院，2012年毕业于多摩美术大学美术研究科，主修金属工艺学科，学习日本传统金属锻造工艺的技术，从每日敲敲打打中精进技术、研究素材。2012年于日本东京Q画廊举办个展，并参与“Young Art Taipei 2012”联展、日本东京银座三越“Life in Art”联展。

《电气龙》是为了“有龙则灵”展出所想象出来的作品，专注于生物体能力特征与人类科学能力的双向融合。龙传说本身即是腾云于天上兴起雷电的自然力量，但它背上又安置了两颗人类创造的电气球。如他之前的动物、昆虫等作品一般，这些具有潜水和飞行能力的生物体，又有着科学机械的功能。两者的结合使生物体超越了本身的能力，冰冷的机械也获得了不同的生命。

《我是龙》
145cm × 180cm　油彩、画布　2012
常胜（b.1968）
"I Am Dragon"
145cm × 180cm, Oil and Canvas, in 2012
Chang Sheng（b.1968）

常胜1968年生于台湾，复兴商工西画组毕业，曾于 Dentsu, Young & Rubicam 电通扬雅广告公司担任创意总监，其间多次获“时报广告金像奖”、“4A广告创意奖”。
2004年开始投身于漫画创作，近几年更以油画与各种素材尝试探索创作的可能性。2012及2013年获选参加法国安古兰漫画节。

创作者说：“龙，本身是个不存在的东西？这是个问句，到底存不存在我们也不知道。但在我们想象或赋予它意义时，不该只是具象的‘一条龙’，应是精神层面的一种能量，可以是大地、大自然，这也是我在画面里想要表达的，把大地的感觉表现在龙的身上。画面里的女孩就是龙，而龙不一定就是那条龙，这个女孩有来自大地的力量，她的座骑只是个形象。”

《Zzz II》
130cm × 100cm × 180(H)cm　复合媒材　2004
林建荣（b.1970）
"Zzz II"
130cm × 100cm × 180(H)cm, Mixed Media Installation, in 2004
Lin Chien-Jung（b.1970）

林建荣1970年出生于台湾，1998年毕业于国立台南艺术大学造型艺术研究所。2002年获选赴英国伦敦盖斯沃克艺术工作室（Gasworks Studio）驻村艺术家，于2004年亚洲文化协会（ACC）被遴选为赴日本茨城县参与2004阿库斯（ARCUS Studio）驻村计划艺术家。现于台湾逢甲大学室内及景观设计系兼任讲师。

Zzz 系列以浑圆的灯泡人表现一种呆然放空的气质，说出现代人的心声。以幽默轻盈的方式诠释一种想要逃离现状的冲动以及人类对于自然环境与美好生活的渴望，提出一个开放性的思路，由观众的生活经验及背景来参与作品的解读与欣赏，营造一个情境氛围，透过观者自身的经验与认知，按图索骥地去寻找埋藏在理性客观世界、压抑已久的一些迷思或是真理。

《云间树隐》
200cm × 160cm　油彩、画布　2012
李启豪（b.1981）
"Hidden Dragon"
200cm × 160cm Oil and Canvas, in 2012
Li Chi-Hao（b.1981）

李启豪1981年出生于台湾，2001年以复兴美工绘画组第一名毕业，18岁到社会拼搏，却仍保持着单纯的就是要画画的初心，沉潜10年没有创作，但并没有荒疏，很快就找到自己发声的频道。曾获2011年台湾美展入选、桃城美展梅岭奖首奖、2001年全国学生美展油画类第三名等奖证。

作品以海拔3 000~3 900米之间，年均温度不到5摄氏度，冰河时期就已覆盖在高山上的玉山圆柏为题，在几乎是冻结状态的恶劣生存条件下，原本高俊挺拔的玉山圆柏为了抵抗风寒雪压，呈现纠结扭曲的古怪形状，好像来到《魔戒》里的千年树神聚集之地。玉山圆柏用它曲折的枝干告诉我们，越纠结的生命里，潜藏着越撼人的斗志与力量。

艺术的光芒不仅仅照耀在公共区域，卫生间的艺术品与艺术装置同样令人发出会心的微笑。椭圆形的空间中，分布着 4 件艺术作品，从何孟娟的《谁的城市我的家》《窗花》到吴季璁的《灯光计划 001——光之旋舞》，带来的是对城市纷扰的感观以及对转换角度看世界的思考。如船头般探出的洗手台像一件雕塑作品活跃了空间的气氛。女士卫生间以夸张的项链、饰品装点出名媛沙龙的奢华感；男士卫生间悬挂的礼帽、烟斗带人进入休闲俱乐部的氛围中，非常具有舞台剧的效果。

以艺术之名充实空间的内涵，以空间之术放大艺术的感染力，当艺术与空间互为观照，穿梭其间，被艺术气息环抱时，幸福的感觉是这样触手可及。

《龙游天地 循环无尽》
影像输出　2012
王耀樟、林玮萱、黄启祯、叶铭、郑铃
"Dragon to the Infinity"
Digital C– Print, in 2012
Wang Yao–Chang, Lin Wei–Hsuan, Huang Chi–Jen, Yeh Ming, Cheng Lin

龙，东方世界几千年历史中最难捉摸的一种神话。那身长如蛇、随云雾忽隐忽现的身影已经逐渐隐没在历史当中。 当下，是时候用新的形式解构龙的价值了。台湾身心障碍艺术发展协会——光之艺廊执行长刘士楷，以说故事的方式，和光之艺廊的5位艺术家黄启祯、王耀樟、叶铭、郑铃与林玮萱重新提起龙。这些“龙”有些关乎日夜与季节，有些关乎天候与彩虹，有些施云布雨，有些则幻化成河川与海洋。在今时今日，有感于地球变暖、全球气候变迁的威胁，“龙”如同寓言一般，开始提醒人类它们的存在以及它们对于整个地球的重要性。

台湾Opus One接待中心
Opus One Reception Center in Taiwan

设计公司：域研近相空间设计有限公司
设计师：李俊平、康智凯

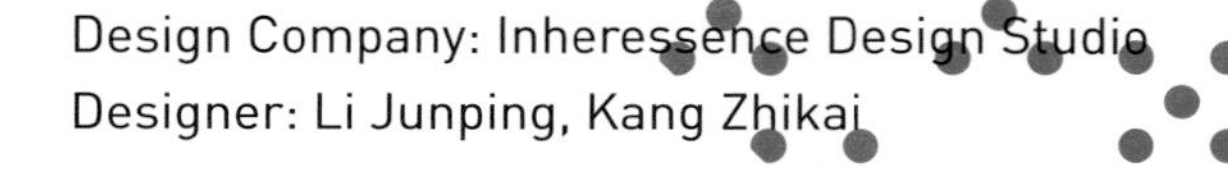

Design Company: Inheressence Design Studio
Designer: Li Junping, Kang Zhikai

本案位于台北市的繁华市中心，是一个历经了 7 年的努力终于整合成功的都市更新建案。在设计的概念上，设计师企图以一种极大的动作却又极为内敛的隐喻手法来歌咏这个得来不易的果实，站在这个基地上去昭告世人，大声告诉旧有的都市纹理及穿梭的人们：这里即将有令人期待又兴奋的事情发生 !!!

建案取名为 Opus One，除了引用著名酒庄的原意之外，同时想表达一个“建商与居民共同努力孕育出来的第一作品”的概念,想展现一个“旧有、孕育、蜕变到新生”的璀璨过程，更企图去隐喻一个从葡萄、酝酿到顶级红酒的变质过程，这象征从这土地上长出来的新生命，是经过多么长时间的累积与坚持才能获得的成果。

在空间形式上，以流动的手法，模糊“天”、“地”、“墙”、“板”、“柱”之间的关系，从一个破土而出的新芽，变成含苞待放的花朵，再转化成浓郁又浑厚的香气，时而由下逆旋而上，时而由外引流入内，整栋建筑物仿佛是一个不断散发出浓郁香味的醒酒器，更像是一个瞬间凝结的音乐作品……

OPUS
ONE

烟台Chefoo Island 会所
Chefoo Island Club House in Yantai

设计公司：上海达观建筑工程事务所
设计师：凌子达、杨家瑀
面积：2 000㎡
主要用材：铁刀木、柚木、爵士白大理石、土耳其灰大理石、古木纹大理石、耶路撒冷灰大理石、白玉石、洞石

Design Company: Kris Lin Interior Design
Designer: Ling Zida, Yang Jiayu
Size: 2,000m^2
Material: Venge, Teakwood, Volakas Marble, Turkey Gray Marble, Black Wood Vein Marble, Jerusalem Gray Marble, White Onyx, Travertine

此会所项目位于海边，建筑仿佛一个玻璃盒，四周均为全落地玻璃，主要空间为地上一层与地下一层。

最初的想法是以“茶艺概念馆”为主轴，创造出一个意境，一个具有东方简约禅意的空间。

一楼是茶艺馆，但又必须结合销售大厅的功能，于是在看海的最佳景观面设计了 6 组贵宾式茶座，可以一边品茶一边看房，并享受海景。大厅中心的位置布置主吧台，可以管控全场，在大厅挑高的位置设计放大尺寸的吊灯以配合挑高的空间。

由一楼大厅两侧的楼梯可下到地下一层的大堂，其中设计了一个颇具东方意象的莲花池，且大堂也可以进入样板段，大堂的两侧是个下沉区，下沉区的中心有个挑空天井，为地下室空间带来了阳光和空气。其中一部分下沉区是一楼茶艺馆的延伸，设计了四间不同的贵宾间与包厢，用于用餐、会客、洽谈等，并设置了一个艺术品展示厅，可供将来活动与展览。另一部分下沉区则配置会所所需的功能，如影视厅、健身房、舞蹈教室、休息室等，并在挑空的天井中设计了莲花池，是一个意象的延伸，也达到了东方意境的味道。

万科
万科·引领烟台新精装生活

中国惠州高尔夫会所
Golf Club in Huizhou, China

设计公司：王大君空间设计有限公司
设计师：王大君
主要用材：大理石、茶镜、铁件

Design Company: Wang Dajun Design Co.,Ltd.
Designer: Wang Dajun
Material: Marble, Tawny Mirror, Ironware

在整体空间规划设计上，本案以近年来人们所重视的“休闲生活”为概念而展开。同时设计师结合了中国数千年文化所产生的意象语汇，使本案成为具有国际观的中国新思维售卖空间。

在会所内，除了基本的接待及销售空间外，设计师另外规划了如咖啡吧、雪茄吧、温泉区等休闲生活空间及会议室、商务中心、交谊厅等功能空间，如此的空间规划可使参观者于销售期间进行长时间的驻留，进而增加购屋意愿。此外，在销售活动结束后亦可为社区居民的日常休闲生活提供直接的服务，让此会所成为联结居民不可或缺的力量。

本案在构造上以结构与图腾作序列性的延伸来展开整体空间。在空间的配置上，通过风格的变化而使其具备层次上的不同感受。在色彩运用上，在利用石材的自然颜色之余又强调不同素材的纹路，通过彼此的交融、点

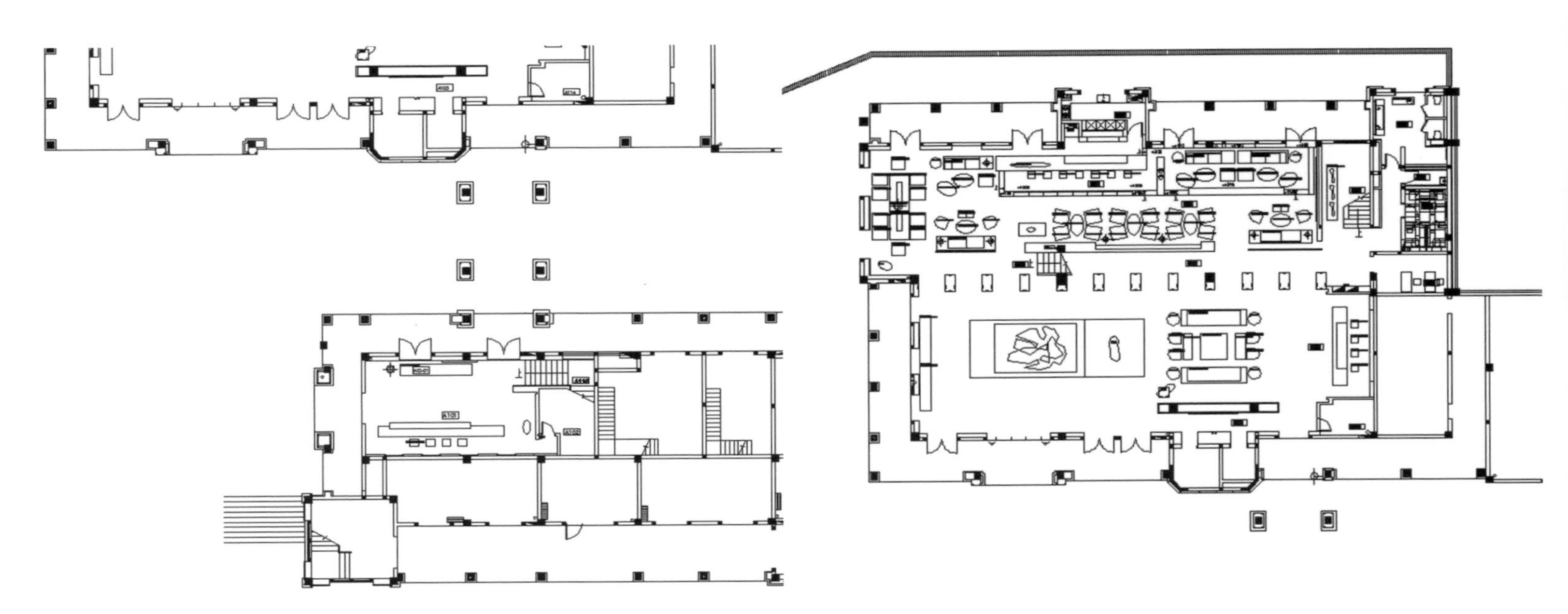

缀使空间更具故事性。

入口接待门厅大量采用了几何图形所集合而成的意象语汇来表征中国的文化，并以大量的石材运用及简单的线条分割创造出大气的接待空间及形象展示空间。在设计师的刻意设计规划下，廊道柱体的排列与整个空间量体的意象语汇使本案极具中国宫殿的风貌，给予使用者有如宫廷贵族般的心理感受。此外，在现代人越来越重视休闲生活的前提下，本案规划了许多休闲空间，方便社区居民随时享受悠闲时光。

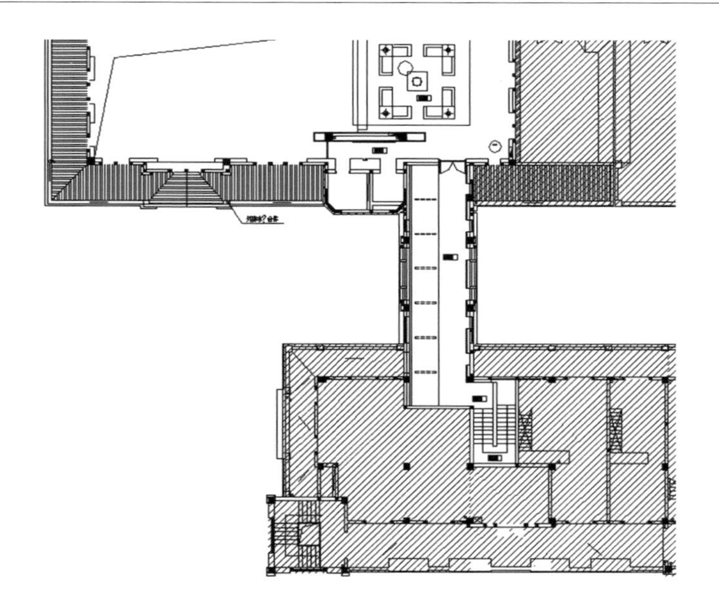

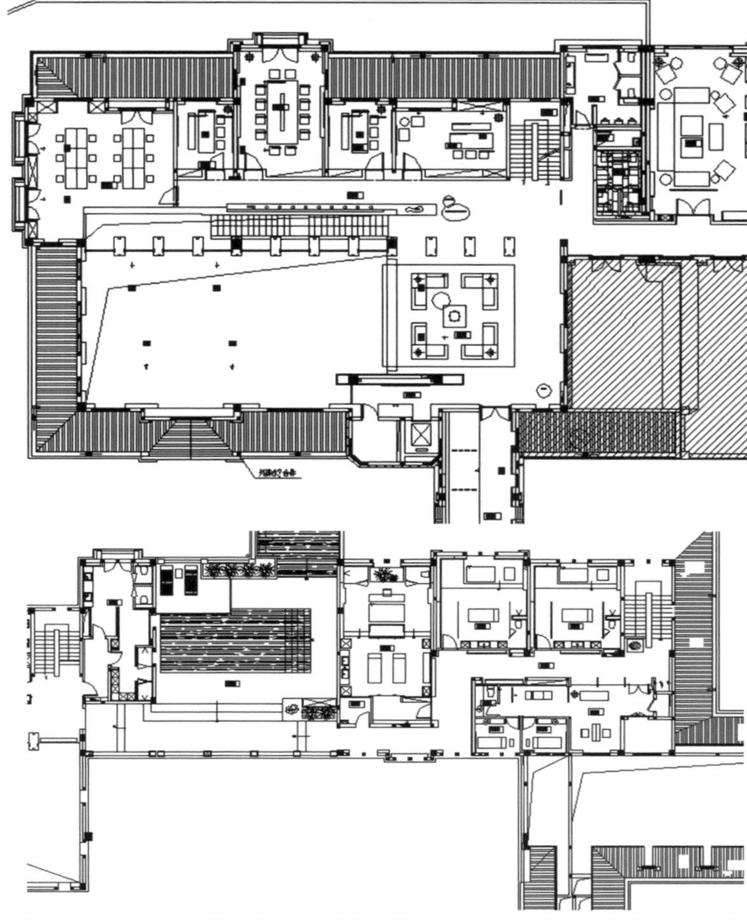

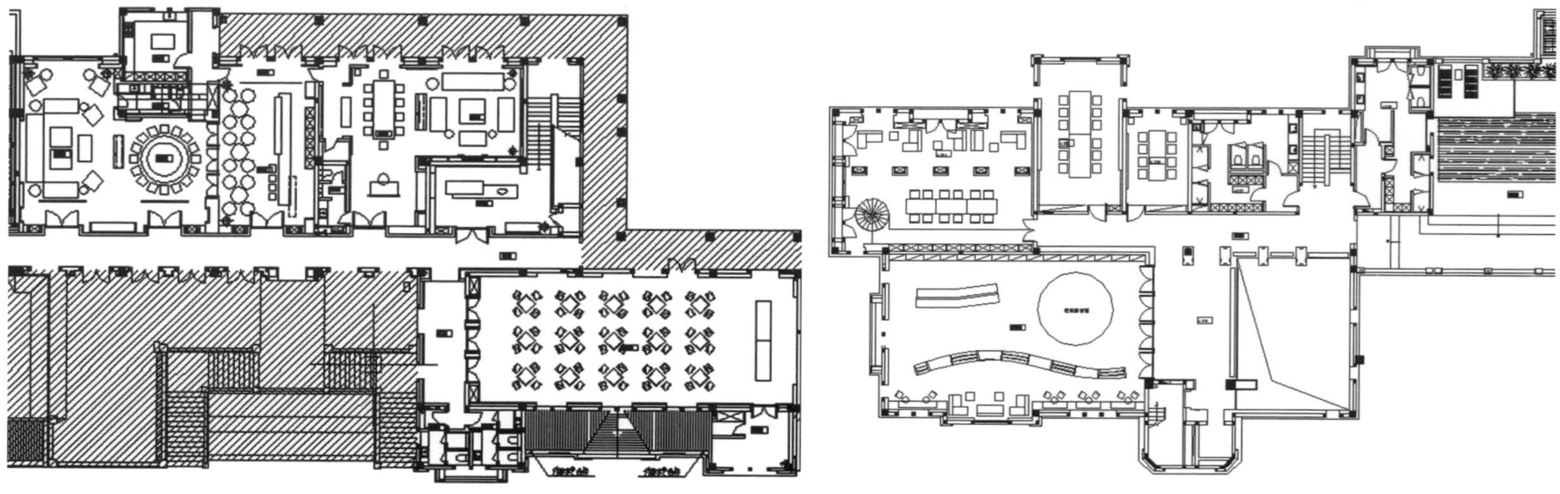

重庆万科悦湾销售会所
Vanke (Chongqing) Cheerful Bay Sales Club

设计公司：矩阵纵横设计团队
主要用材：直纹白大理石、贝壳马赛克、荔枝面大理石、金属帘、壁纸、黑钢氟碳漆面、黑镜、水洗白木饰面
面积：1 100m²

Design Company: Matrix Interior Design
Material: Marmara White Marble, Shell Mosaic, Litchi Surface Marble, Metal Curtain, Wallpaper, Fluorocarbon Steel Finishing, Black Mirror, Wood Veneer
Size: 1,100m²

悦湾销售中心将亚洲元素植入现代建筑语系，将传统意境和现代风格对称运用，用现代设计来隐喻中国的传统。水曲柳屏风与深色石材的搭配既传统又流行，而且为空间营造出充满魅力的对称感，使整个空间更具立体感，美观之余，更增韵味，彰显东方的古典优雅气质。

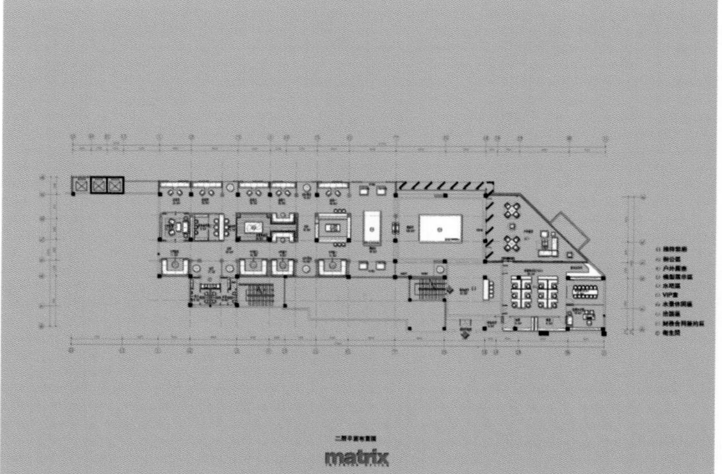
matrix

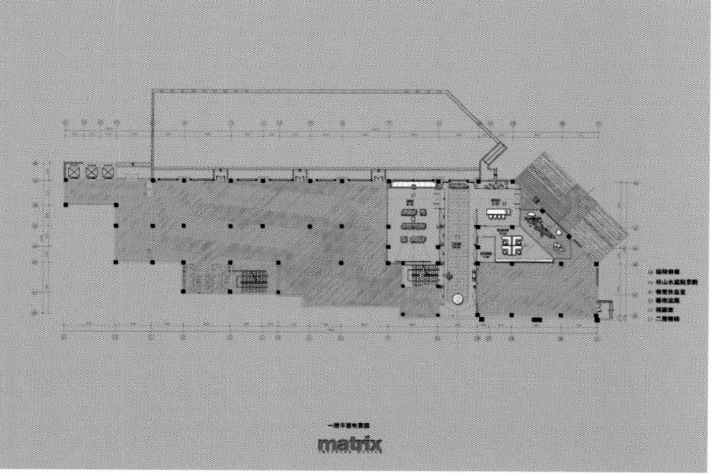
matrix

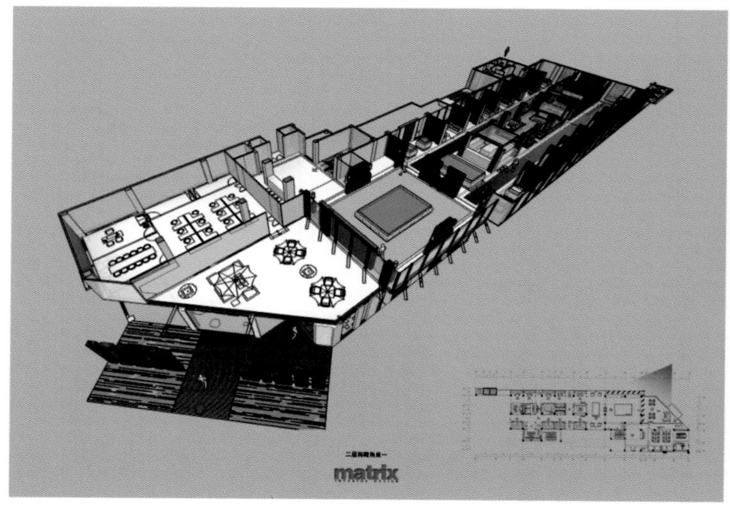
matrix

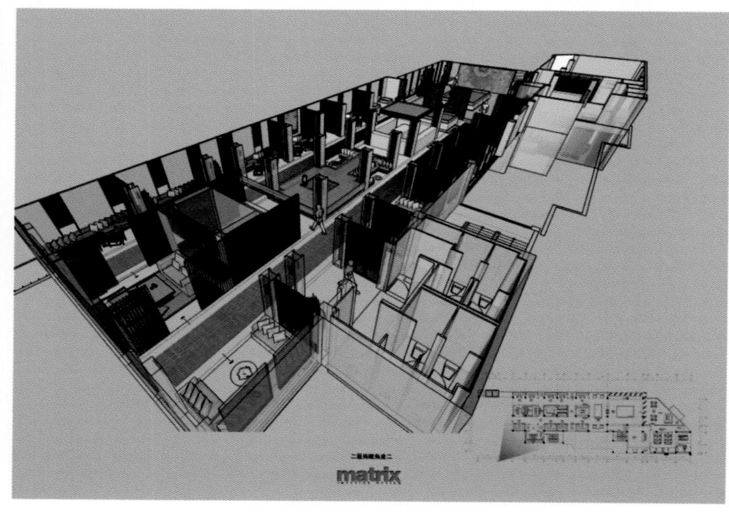
matrix

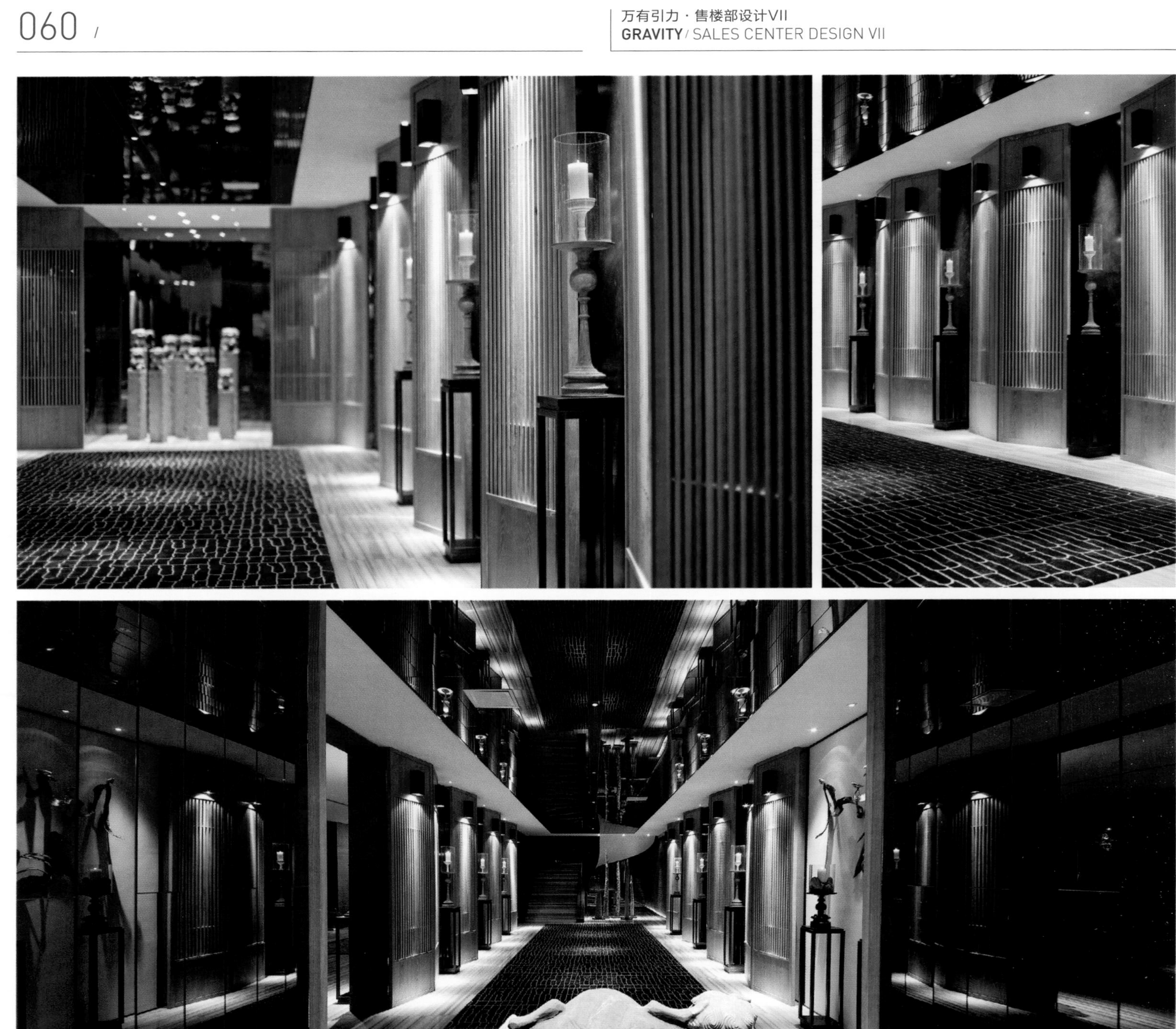

安徽安庆富春东方销售中心
Eastern Prosperous Spring Sales Center in Anqing, Anhui

设计公司：矩阵纵横设计团队
主要用材：霸王花大理石、古木纹大理石、清漆、白橡木饰面、黑镜
面积：1 200㎡

Design Company: Matrix Interior Design
Material: Vileplume Marble, Black Wood Vein Marble, Clear Lacquer, Oak Veneer, Black Mirror
Size: 1,200m^2

安徽安庆富春东方销售中心，在设计上考虑建筑与室内空间的整体性，用干净简单的块面来处理空间，古木纹石材与黑钢板雕花的应用，使得空间氛围朴实，既有文化气息又有现代感。软装配饰上，经过改良的台灯及烛台、精致的陶罐，将空间以叙述的方式串联起来。

缤纷新天地

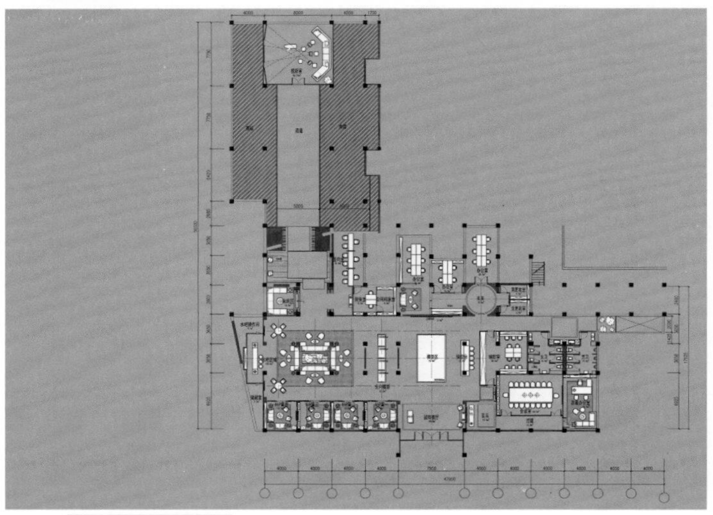

平面布置圖方案一

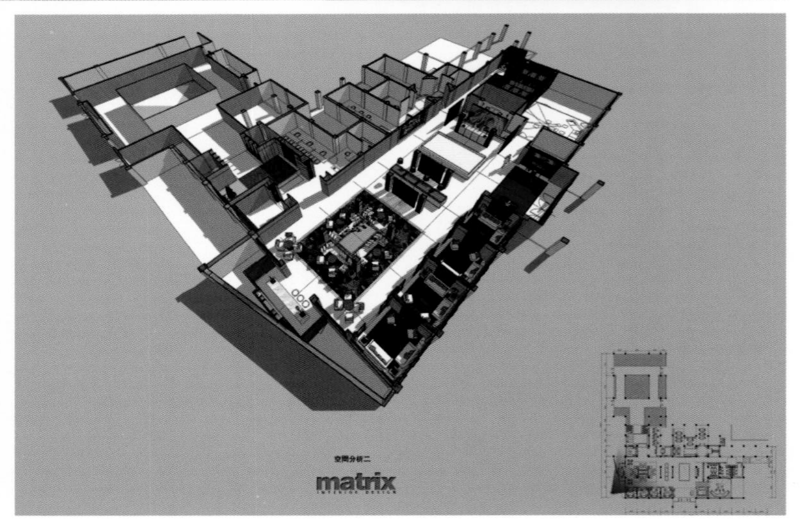

宁波钱湖悦府会所售楼处
The Hyatt Mansion Sales Center in Ningbo

设计公司：深圳市昊泽空间设计有限公司
设计师：韩松
摄影师：江河摄影
公司网站：www.h565.com
公司邮箱： wuhairong@126.com
面积： 850㎡

Design Company: Shenzhen Horizon Space Design Co., Ltd.
Designer: Han Song
Photographer: Jiang He Photo
Design Homepage: www.h565.com
Design E-mail: wuhairong@126.com
Size: 850m^2

本项目以柏悦酒店为依托，傍依宁波东钱湖自然景区，独享小普陀、南宋石刻群等人文景观资源，地理位置无可比拟。

在空间和视觉语言上与柏悦酒店完美对接；在空间上以中国建筑传统的空间序列强化东方式的礼仪感和尊贵感；在视觉上通过考究的材料和独具匠心的工艺细节，以简约的黑白搭配一气呵成，展现了东钱湖烟雨蒙蒙、水墨沁染的气韵。

在硬件和智能化体系上坚持柏悦酒店一贯高品质的原则，让客户不经意间感受到柏悦骨子里的性格。比如：一进入会所，所有的窗帘为你徐徐

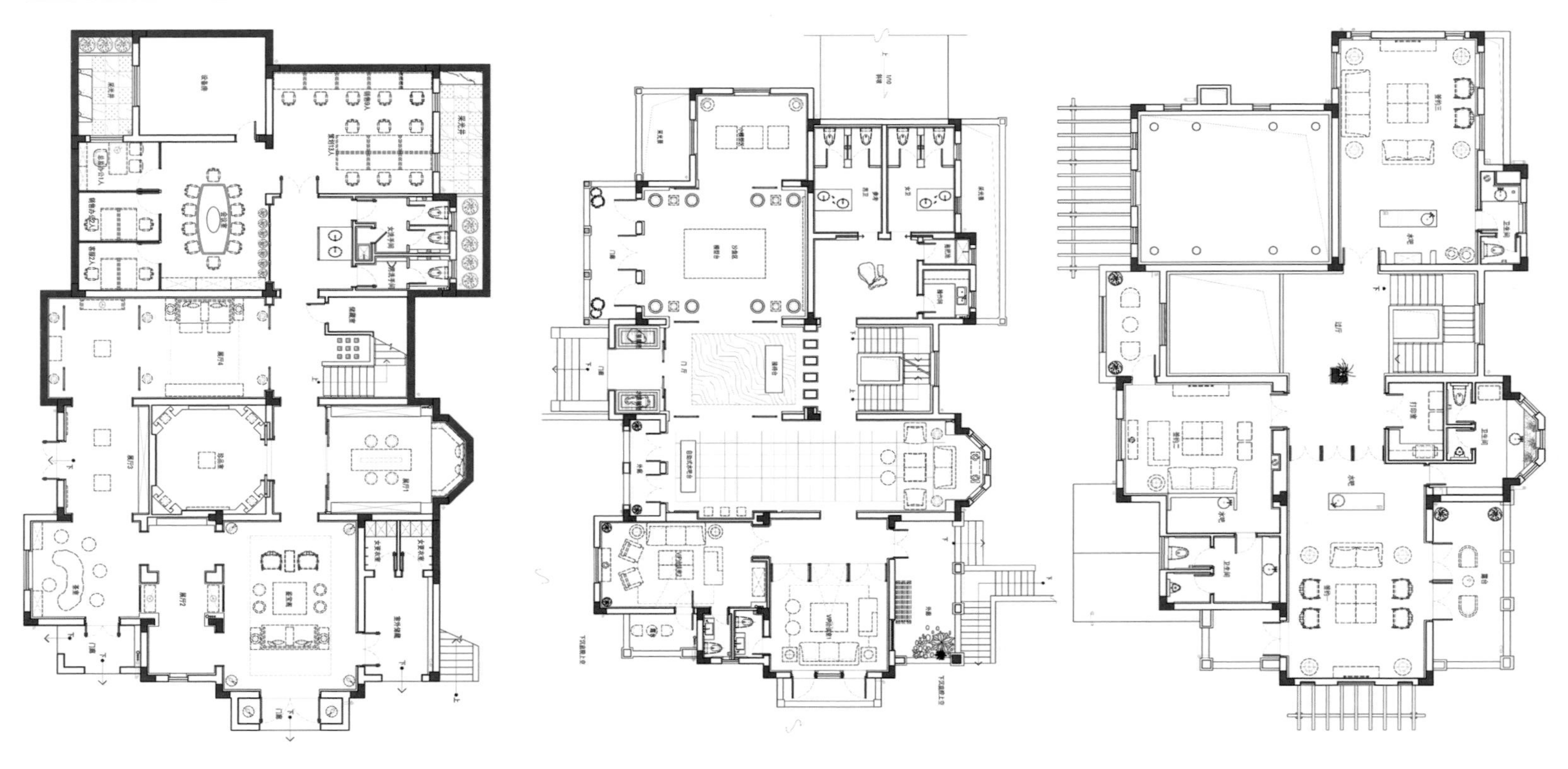

打开，阳光一寸寸地洒进室内；按一下开关，卫生间的门就会自动藏入墙内；全智能马桶自动感应工作⋯⋯随处让人感受高品质的舒适体验。

设置独立专属的高端客户接待空间、独立酒水吧、独立卫生间，尽享尊贵、专属的接待服务。

细分功能空间，将一个空间的多重功能拆解细分，每个都尽善尽美，大大提升品质感。

增加全新的功能体验，在商业行为中加入文化和艺术气质。在地下一层设计了一座小型私人收藏博物馆，涉及瓷器、家具、中国现代不仅大大绘画、玉器等，不仅大大提升品质，同时也给客户带来视觉和心理上的全新震撼体验。

身处其中，恍若超脱凡尘，烦恼、杂念消失无踪，带出一抹我独我乐的欢喜。

正所谓：别业居幽处，到来生隐心。
南山当户牖，澧水映园林。
竹覆经冬雪，庭昏未夕阴。
寥寥人境外，闲坐听春禽。

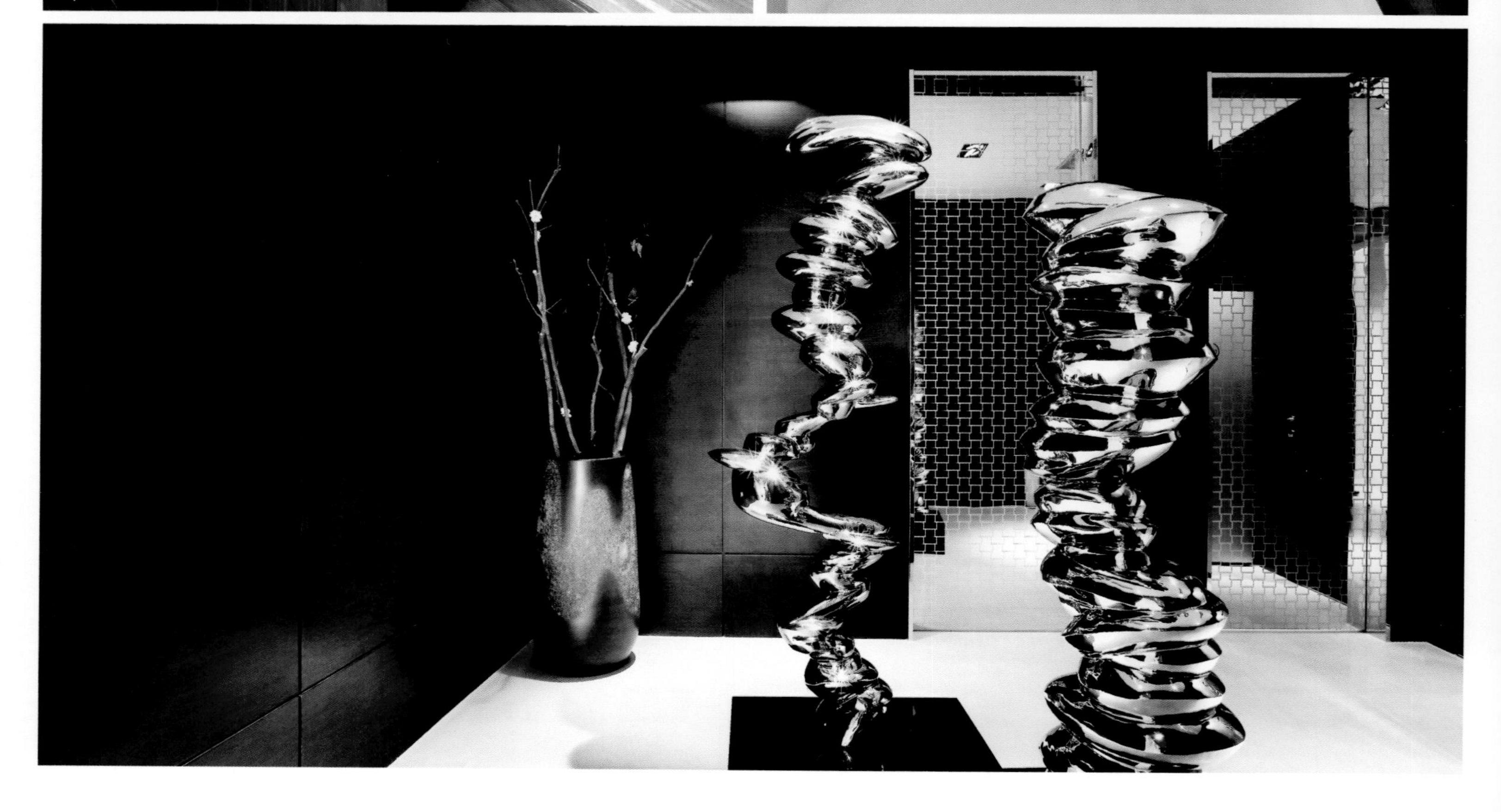

上海嘉宝梦之湾会所
The Dream Bay Chamber in Shanghai

设计公司：上海乐尚装饰设计工程有限公司
设计师：何莉丽
摄影师：蔡峰
面积：998m²

Design Company: Shanghai Lestyle Design Co.,Ltd.
Designer: He Lili
Photographer: Cai Feng
Size: 998m^2

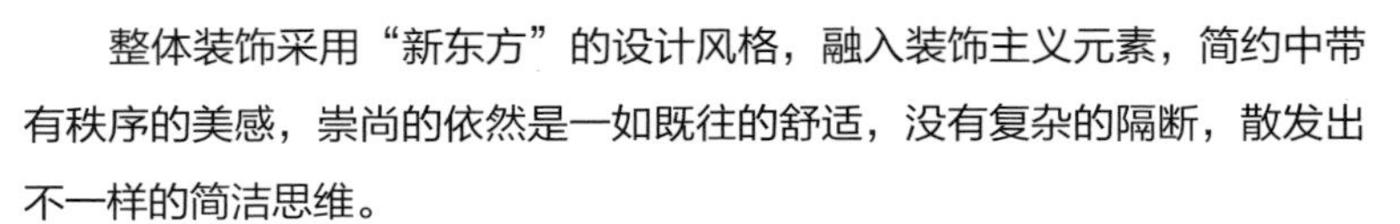

整体装饰采用“新东方”的设计风格，融入装饰主义元素，简约中带有秩序的美感，崇尚的依然是一如既往的舒适，没有复杂的隔断，散发出不一样的简洁思维。

在空间的区隔上，白色纯净的立体柱面抽离了人们视觉的纷扰。几何形的图案，质感的对比，光与影的空间呼应，给会所带来了新的空间感受，使空间更加具有通透性，拥有更宽广的视野。用建筑空间中的庭院作为装饰亮点，与自然亲近，大体块的木饰面和内敛稳重的木纹石，规整的排列，内敛稳重的细花白地面，悄悄地沉淀了人们入内前一刻的心灵。拥挤规整的排列更显大气，产生了空间的延续性。空间色调的运用，皆维持简单素

持简单素净的风格，体现建筑的空间感。

贵宾区材质的结合展现出空间的人文气息，而细节线条、边框的设计则突显出空间的细腻质感，以现代风格的简洁线条为基调，跳脱现代风格一成不变的空间形式，将时尚东方元素融入空间，打造现代东方风格的居住环境。

水吧区采用开敞的空间布局，运用自然的材质变换，凸显新东方的自然时尚，简约之处将空间使用者的特质与空间风格进行完美的结合。

在软装的装饰运用中，在东方精髓设计元素中融入装饰主义风格元素。

不单单只是东方元素的简单延续，还加入了新摩登元素。具有幽默感的家具，装饰材质的大胆混搭，比如一个装饰柜上出现了不同木皮的混拼，甚至加入了斑马的皮毛拼贴，将张扬的装饰主义展现得淋漓尽致，而家具的软装搭配混搭了不同元素，摩登东方与现代新古典的拼撞，无疑是装饰主义的最好表现。在饰品的配搭上，东方的元素始终贯穿其中，造型各异的装饰鸟笼，在门厅、接待台分别通过二维和三维的形式予以呈现，围廊四周陈列了极具东方元素的龙生九子琉璃雕像，也寓意着吉祥。整个设计中以蓝色为其主调，穿插于不同空间而形成统一的视觉审美，色彩稳重而沉静，设计浑然一体。

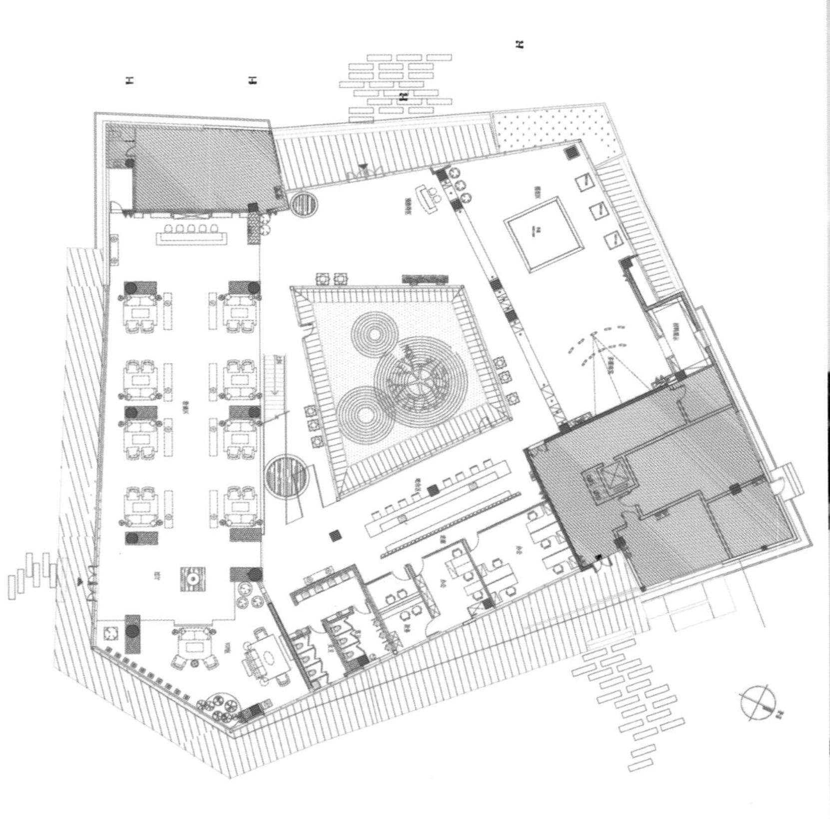

大连万科樱花园销售中心
The Sales Center of Cherry Garden of Dalian Vanke

设计公司：深圳于强室内设计师事务所
设计师：于强
面积：740㎡
主要用材：雪花白大理石、博龙地毯、直纹白栓饰面、水煮柚木、白色手扫漆

Design Company: Yu Qiang & Partners Interior Design
Designer: Yu Qiang
Size: 740m²
Material: Snow White Marble, Bolon Carpet, Veneer, Teak, Hand-painted Lacquer

以樱花为元素，展开构思。空间上，打破原建筑固有的“盒子”形状，采用折线来穿插、分解空间，抽象的几何形体、界面的转折起伏，与环境中叠山环绕的灵动感觉形成呼应。色彩延续窗外樱花高雅的白色与粉色，细纹雪花白大理石、实木线条、浅灰色皮革配以原木座椅，体现生态理念，使整个空间氛围更加贴近自然。

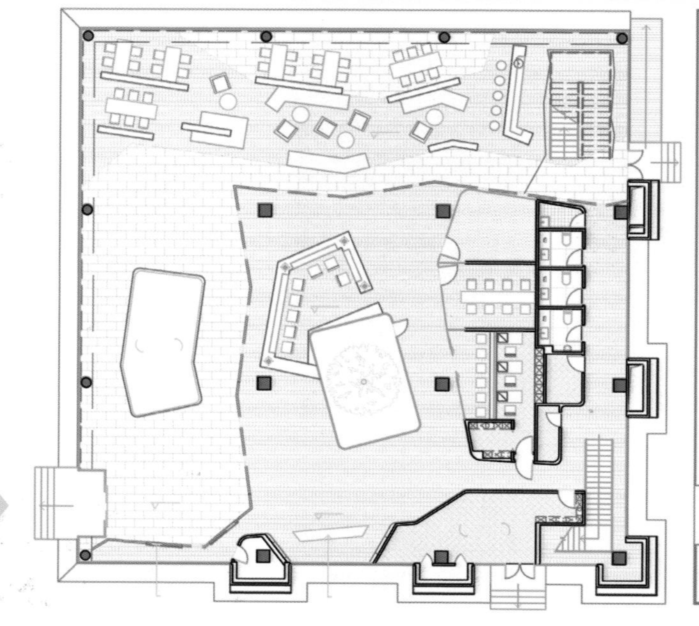

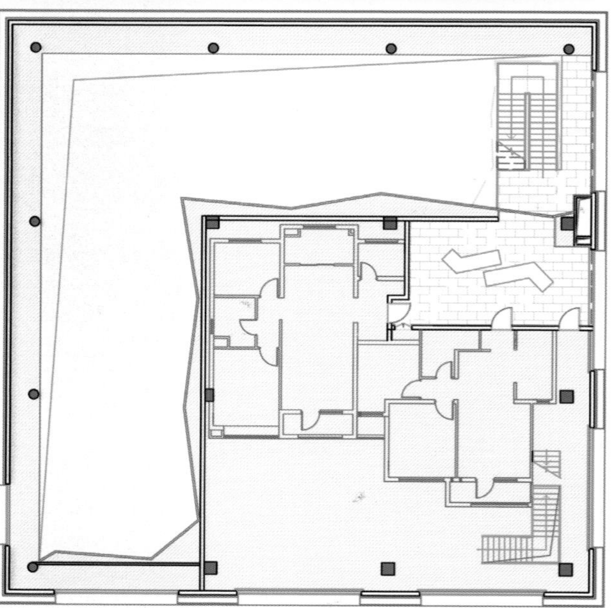

台湾云世纪会馆
Taiwan Cloud Century Reception Club

设计公司：大研空间室内设计研究所
设计师：张莉宁

Design Company: Dayan Space Design Studio
Designer: Zhang Lining

本案是一个十分低调的设计作品，从空间布局到室内装饰，设计师一直避免走豪华奢侈、金碧辉煌的路线，相反，她希望室内空间能以一个素雅的面貌示人，因而比较倾向于对自然简洁、淡雅节制的意境的营造。

美好的东西总是需要细细品味方能领略其中的韵味。它以朴素简约的设计风格统筹全局，空间布局淡雅稳重，结构清晰、泾渭分明，加之沉稳深邃色调的极致渲染，虽给人一种传统的中规中矩的感觉，却也不乏宁静、淡泊的“禅味”。当然，如此氛围之下，装饰亦讲究精简疏朗，以局部点缀为主，包括绿植、画作等，创造出宽敞的视觉效果，也融入了生命的气息。因为本是宁静和美之地，若掺杂太多色彩斑斓的累赘装饰，便破坏了设计的整体效果，造成因小失大的尴尬局面。

从玄关步入大厅，目光所及之处皆强调线、面之间的律动与紧密协调。这样一个有着强烈节奏感的空间，各功能区域就像一个个分布在不同地理位置的小房子一般，既有差异性又有统一性，包含着和谐的美感。集中洽谈区利用线性面板进行规律的隔断，起到既限定空间，又不完全

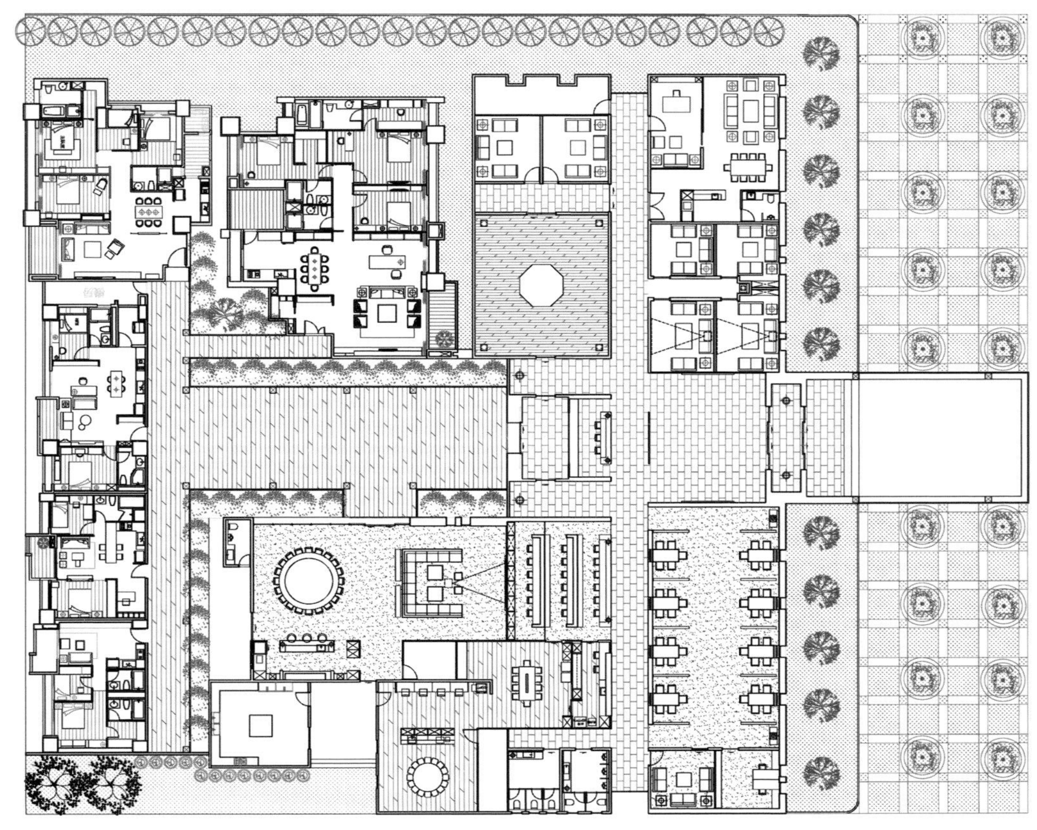

割裂空间的效果，使之形成数个半开放半独立的隔间，保证客户私密性的同时，又能让客户拥有一个较好的视角，以观察洽谈区外的情况。家具选择强调功能性，直线的造型棱角分明，没有多余的装饰和点缀，是简洁质朴与理性节制的最佳体现。

烟台龙湖葡醍海湾四季花厅售楼处
The Sales Center of Season Flower in Pink Wine Bay, Yantai

设计公司：深圳市砚社室内装饰设计有限公司
设计师：姚海滨
主要用材：木材、大理石、涂料、地毯等
面积：2 000m^2

Design Company: Shenzhen Yanshe Interior Design Co.,Ltd.
Designer: Yao Haibin
Material: Wood, Marble, Paint, Carpet, etc.
Size： 2,000m^2

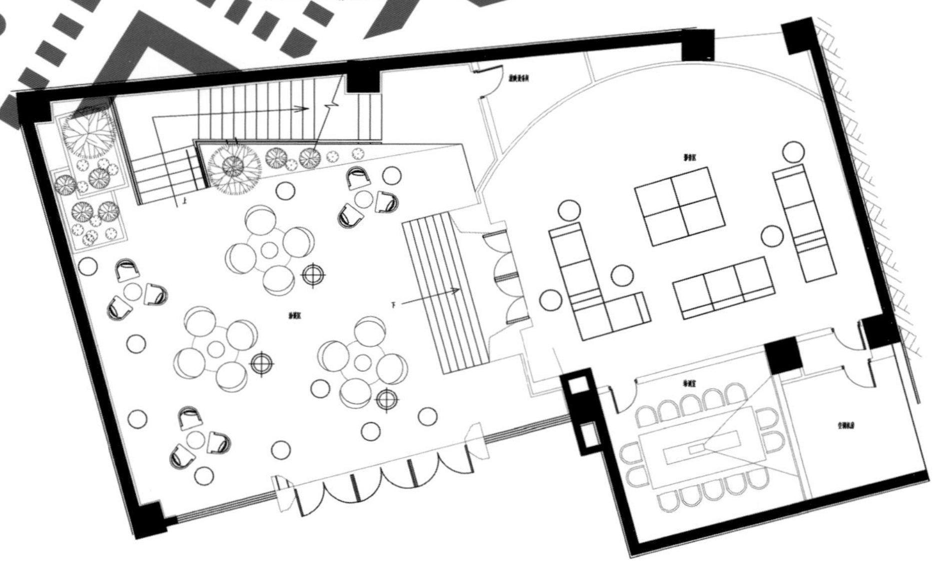

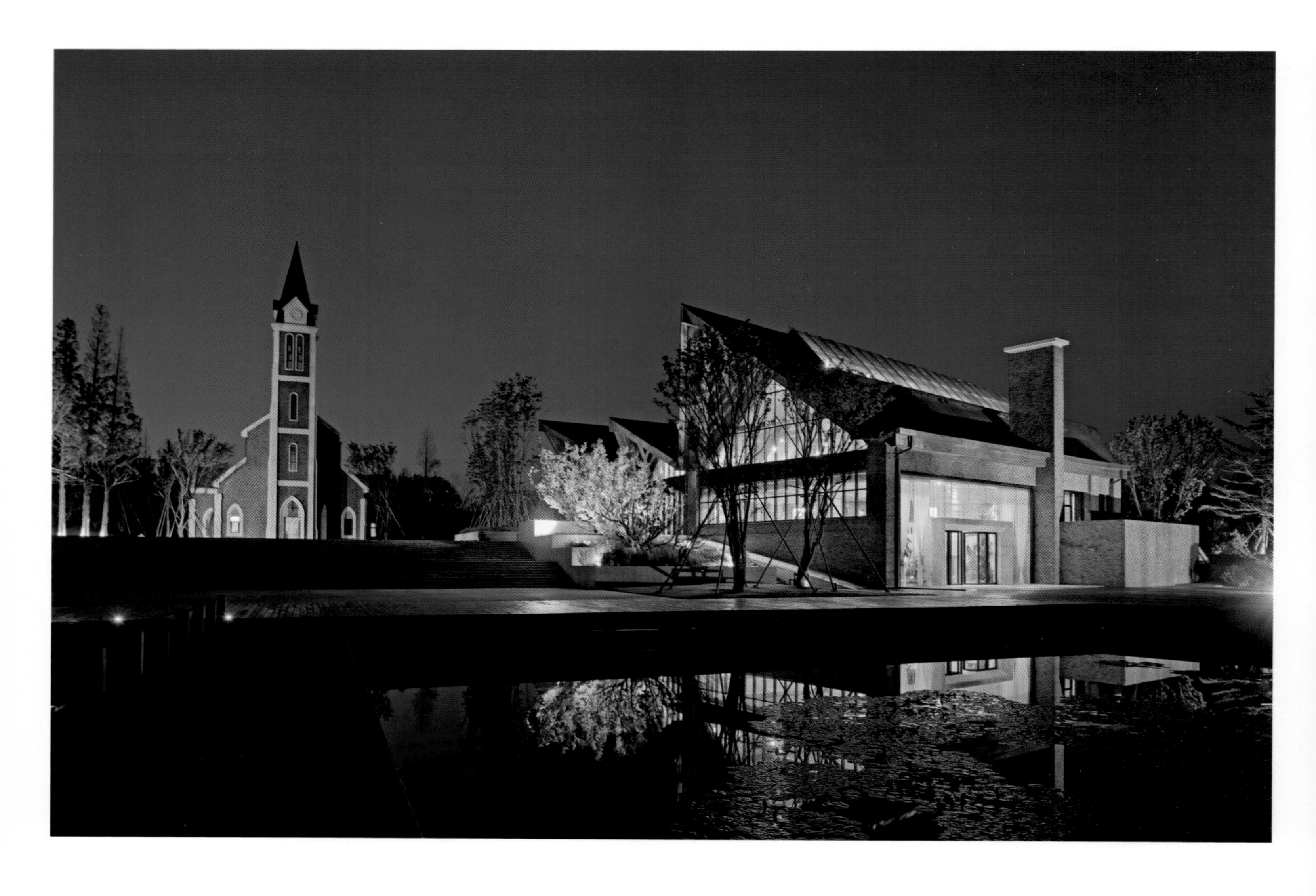

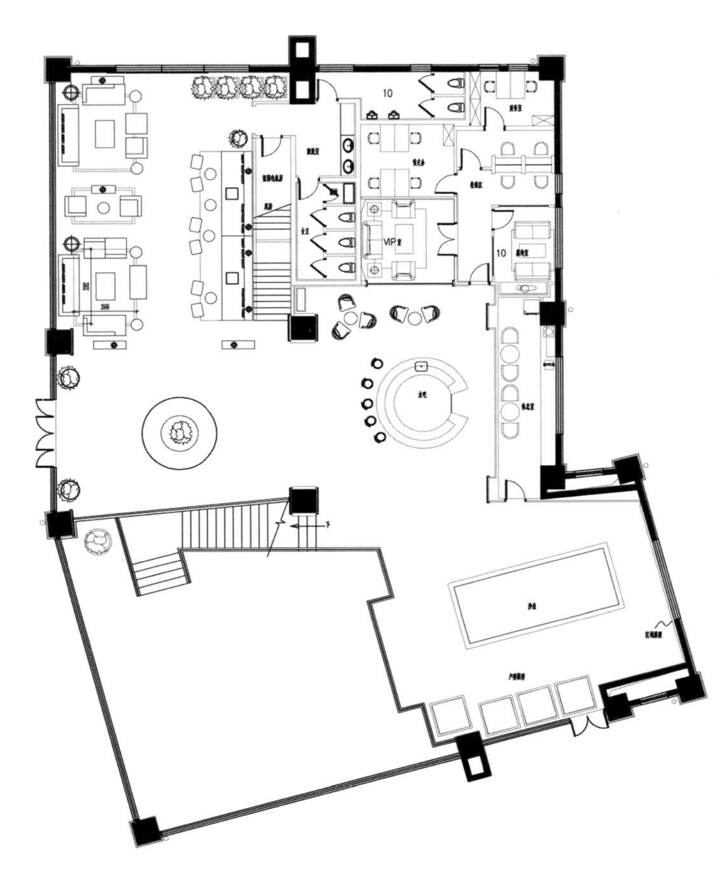

烟台龙湖葡醍海湾位于北纬 37° ，这条造物主过分溺爱的美酒生命线两侧，散落着波尔多、托斯卡纳、卡萨布兰卡……当这条弧线划过亚洲时，却吝啬地只在中国烟台造就一条仅约 10 千米的葡萄酒海岸。这个亚洲唯一，与法国波尔多同列世界七大葡萄酒海岸的地方，稀珍倍显。

首期产品全部以纯别墅面市，低至 0.5 的容积率使更多的阳光与院落青睐于此。几百栋传承颐和原著神韵的庭院别墅凭海而立，极具宫殿感的东方别墅掩映于北方罕有的中央水系与龙湖最为擅长的情境园林之间，无论是 45 平方米的四季小院，100 余平方米的葡醍院落，还是近 300 平方米的颐和墅，皆以流水相连，并小桥入户，中央水系之上，贡多拉木船悠然漂荡。伸向海的正方形小亭，用低矮的沙发座，向入口的一端放置大型花艺，既是风景的一部分，又可用作遮挡的自然屏风。

简洁沙发形成自然的分组，利用沙发空隙之间的空地放置挑高的弧形抛物线立灯，增强夜间展示的灯光效果。家具的形式采用较为酒店式的款式，增强高雅的格调感。在茶几、边几上放置蜡烛，增强浪漫的氛围。挑空处悬吊的八角形立体海星吊灯，在灯光的照耀下显得神秘。伴随着海风，先是一点轻响，像细针掉在光滑的大理石地板上，细细脆脆的一声，紧接着便是叮叮咚咚接来一片，如精灵织细急促的脚步，匆匆跑近耳边……

宽大舒适的影音室在烛光的氛围下，让人欣赏电影的心情得到转换。

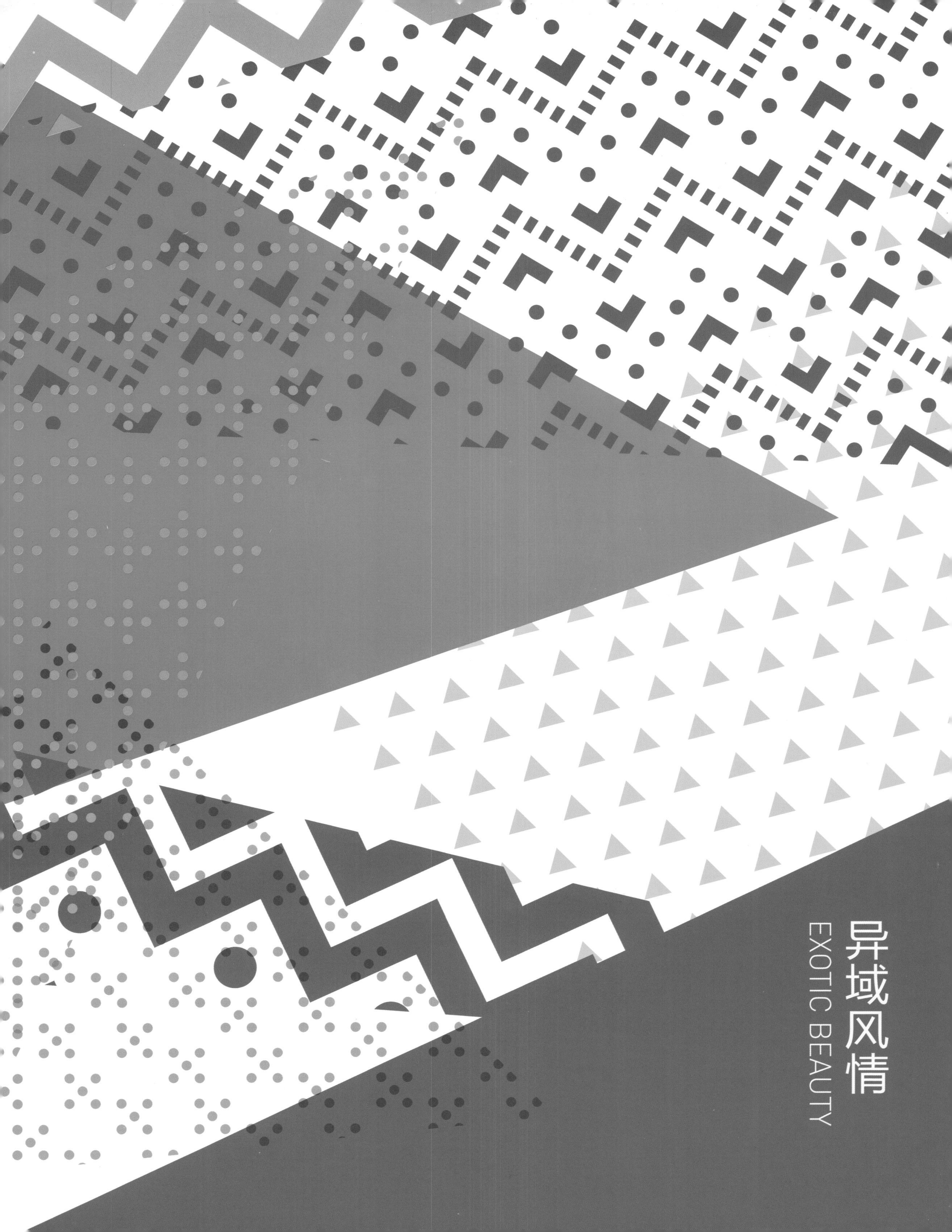

异域风情

EXOTIC BEAUTY

天津复地湖滨广场会所
Forte Lakeside Square Chamber in Tianjin

设计公司：深圳市梓人环境设计有限公司
设计师：颜政

Design Company: Shenzhen Azusa Environment Design Co.,Ltd.
Designer: Yan Zheng

室内设计阶段的工作，并不是在设计伊始就能形成一个理想的建筑空间，因此在设计之初，最重要的工作便是重新梳理空间功能的布局动线以及形制比例关系，将良好的感受规划纳入人的自然动线，使空间呈现出步移景迁的状态，而对那些无法规避的遗憾，设计将用艺术设计的手法融入建筑装饰的工作中，湖滨广场项目就是这样一个典型的案例。

天津，一座融合了“中西特色、新旧共生”的建筑特点的港口城市，对于天津复地湖滨广场，设计师一直在努力探求如何将本案室内和室外的建筑特点进行有机结合。而根据本案的项目定位及风格要求，设计师尝试

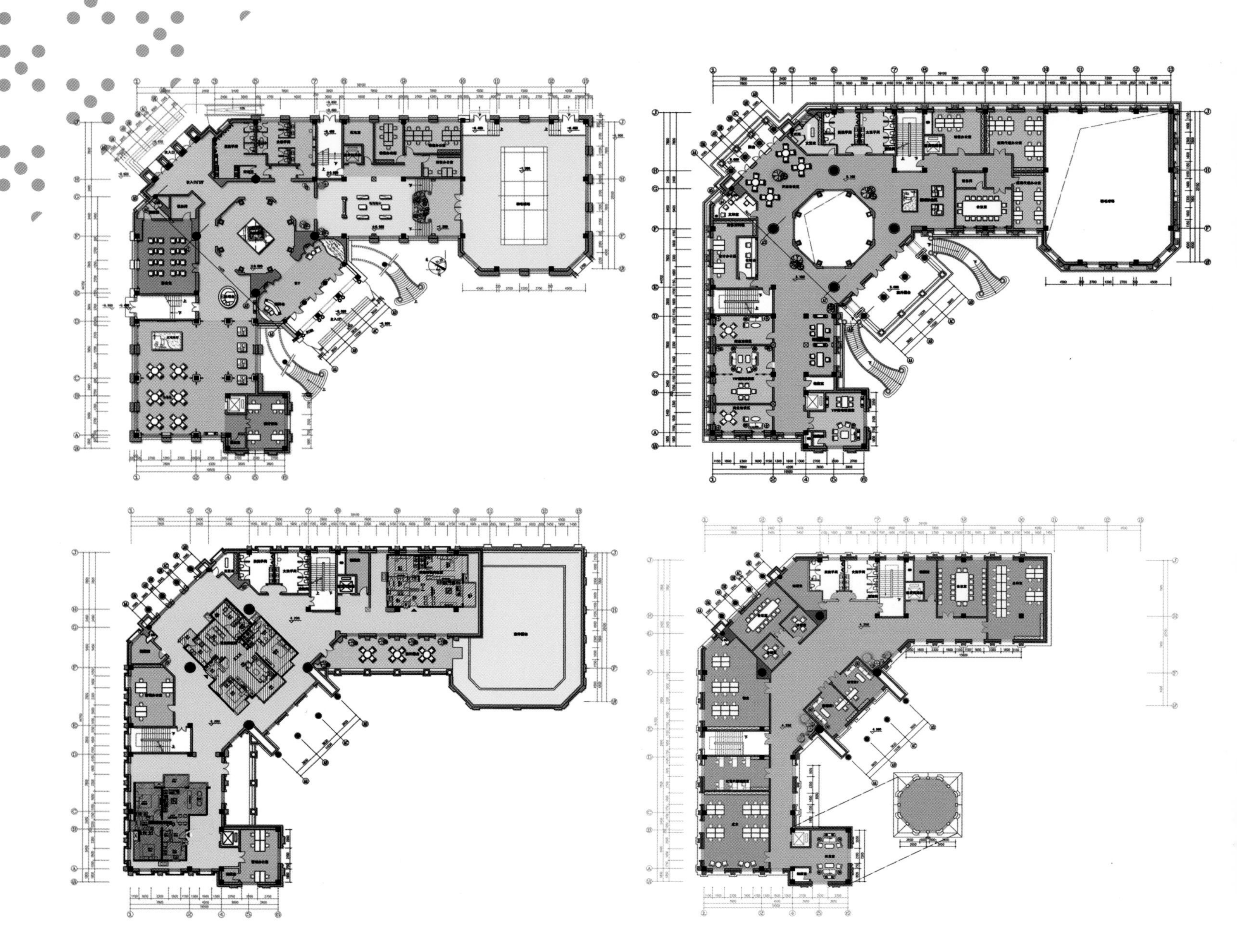

用一种简洁时尚的手段去演绎古典气质，创造大气典雅、纯净雅致的空间，最终目标是构筑一个具有文化精粹的主题空间。

整个空间流淌着音乐般的旋律和节奏，流畅、优美而明媚，让人意犹未尽、流连忘返。前厅采用了大量的米白、黑色线条强调其中的造型，在饱满的经典元素中恰到好处地点缀金黄色、紫色，结合镜面材质，令人感觉有一种欲拒还迎的富丽高贵气质。整体配色以黑、米白、金黄色、紫色为主，两个互补色（金黄色及紫色）在经典的黑白中好比刹那间迸发在眼前的绚丽火花，深刻而永恒！柔和委婉的洽谈区是色调表现的高潮部分，大面积地运用金黄色和紫色两个互补色作为主要基调架构起高贵典雅的清新浪漫环境，让整个画面不仅显得十分富丽堂皇，具有非常浓郁的装饰性，且到处弥漫着女性的温柔与梦幻。它们在经典的黑白及造型元素中透着时尚与华丽，共同演绎着优雅与高贵，俨然成为消费者心目中的梦之屋，带

出一种有魅力、让人印象深刻、温暖的浪漫。

绘画在本次项目中起到修补空间缺憾的作用。大量的画面根据空间周围的色彩、空间距离、布料与地毯的图案进行再创作及装裱。例如，在公共大厅回廊的绘画就具有改善空间透视感的作用，通过画面的深度延伸改善走廊，共享大厅视觉距离。这也是欧式建筑装饰中非常经典和重要的一种手法。纵观欧式的古典经典案例和今天欧洲翻新改良的优秀室内空间，无以取代的充满个性魅力的空间无一不是设计者对空间审美整体统筹而获得的，空间的美是建筑—装饰—绘画形成的统一语言，这种统一的传递和互动无形中加大了空间的张力。因此，它绝不仅是艺术欣赏的直观性要求，更是对主体的深刻理解。

绘画采用了欧式园林绘画风格，用现代的装饰手法表现俊逸、疏朗、典雅、优美的意味。单纯的黑、白、灰与周围浅灰调的各色形成均衡的统一，蕴藉而又不乏时尚力度，绘画的笔触赋予装饰性。画面感与周边装饰的逻辑融为一体。

软装是空间肌体的软组织，而非锦上添花。视觉在接受几乎任何一个立面的时候，都会是一个多层次软硬装叠加的立面，饱满和恰如其分的选择使两者相互依存，突出大气典雅的整体空间感受。为表现一种简洁时尚却又典雅的具有戏剧张力的视觉感受，设计采用了纯净明快的色调，以黑白灰及金作为主色。运用高贵动感的水晶、丝绒、亮漆等材质把典雅的空间演绎得淋漓尽致。注重家具、灯饰等的色彩、线条与空间的和谐感，采用了某些夸

张造型、大尺度鲜明对比形式来创造视觉上的兴奋点。大量的黑白灰欧式画面以一种相对低调的奢华让空间的立体感、时尚感更加强烈。

至于灯具设计制作，造型大气、简约，切合空间功能及色调、美观需要，特意在其布罩或灯体中运用黑白风景画等欧式元素，灯具透过灯罩发散出的清新柔和光芒令人感觉愉悦，古典而时尚的视觉印象让空间内涵更加丰富。

对经典风格的创新，拆解其内在的联系，形式上大尺度的“创新”,着实需要相当的才华和控制力。若改变得不够美，倒不如尊敬并吸取其难以超越的部分，例如形制、比例的协调，可以展现“新的理解”的部分多有所在，例如灯光的技术、色调的组合方式、在新科技支持下物料的尝试，都可以让传统呈现完全异样的欣喜。

台湾赫里翁公设
A Public Utility in Taiwan

设计公司：天坊室内计划有限公司
设计师：张清平
面积：1 600m²

Design Company: Tien Fun Interior Planning Co.,Ltd.
Designer: Zhang Qingping
Size: 1,600m²

殿堂级尊贵，倾城之美

本案以欧式古典风格为主轴，在设计上讲求心灵的自然回归感，给人一种浓郁气息。严格把握整体风格，且在细节的雕琢上下功夫。立面色彩典雅清新。布局上突出轴线的对称、恢宏的气势，宫廷大厅里，华美的欧式古典装饰留下唯美梦幻的浪漫印象，在跨过数个世纪的现代，撷取传统古典精髓的美感与线条，配合挑高的建筑结构展现美观大气与实用机能，运用雅致又强烈的视觉美感，将现代与古典在空间中进行完美融合。

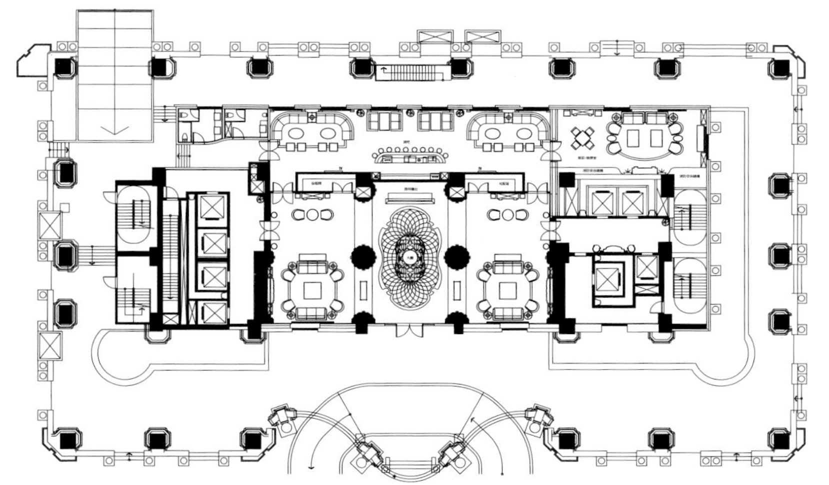

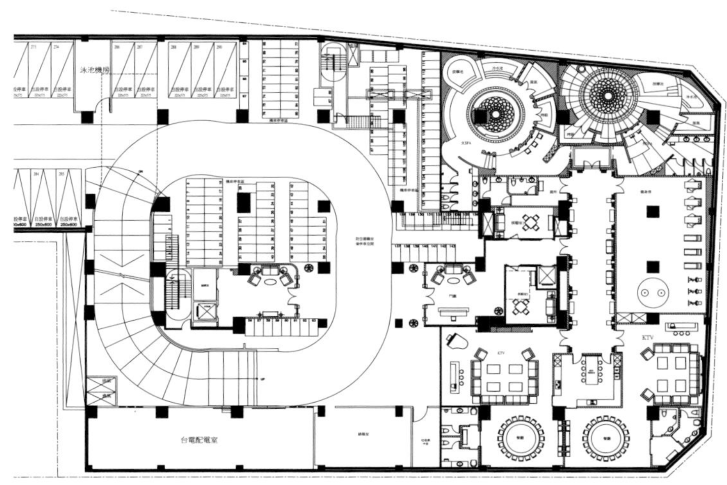

赫里翁公設B1F

北京中海尚湖会所
The Central Lake Chamber in Beijing

设计公司：深圳市梓人环境设计有限公司
设计师：颜政

Design Company: Shenzhen Azusa Environment Design Co.,Ltd.
Designer: Yan Zheng

本案作为一个会所，主要用于销售稀有的独栋别墅，基于业主的诉求，加上由于南北方对美的理解的差异性——北方更推崇气派、威仪、张扬的美，设计师在本方案中采用了各种手段，利用层高的关系来表现空间的升腾感，以体现空间的挺拔与气度。此外，恢弘开阔的层高之上又强调艺术形式的综合手段，重视量体与雕刻、绘画之间的巧妙融合，利用哥特式的语言符号讴歌业主的成功与其在行业中的地位，风格迥异，精雕细琢，最

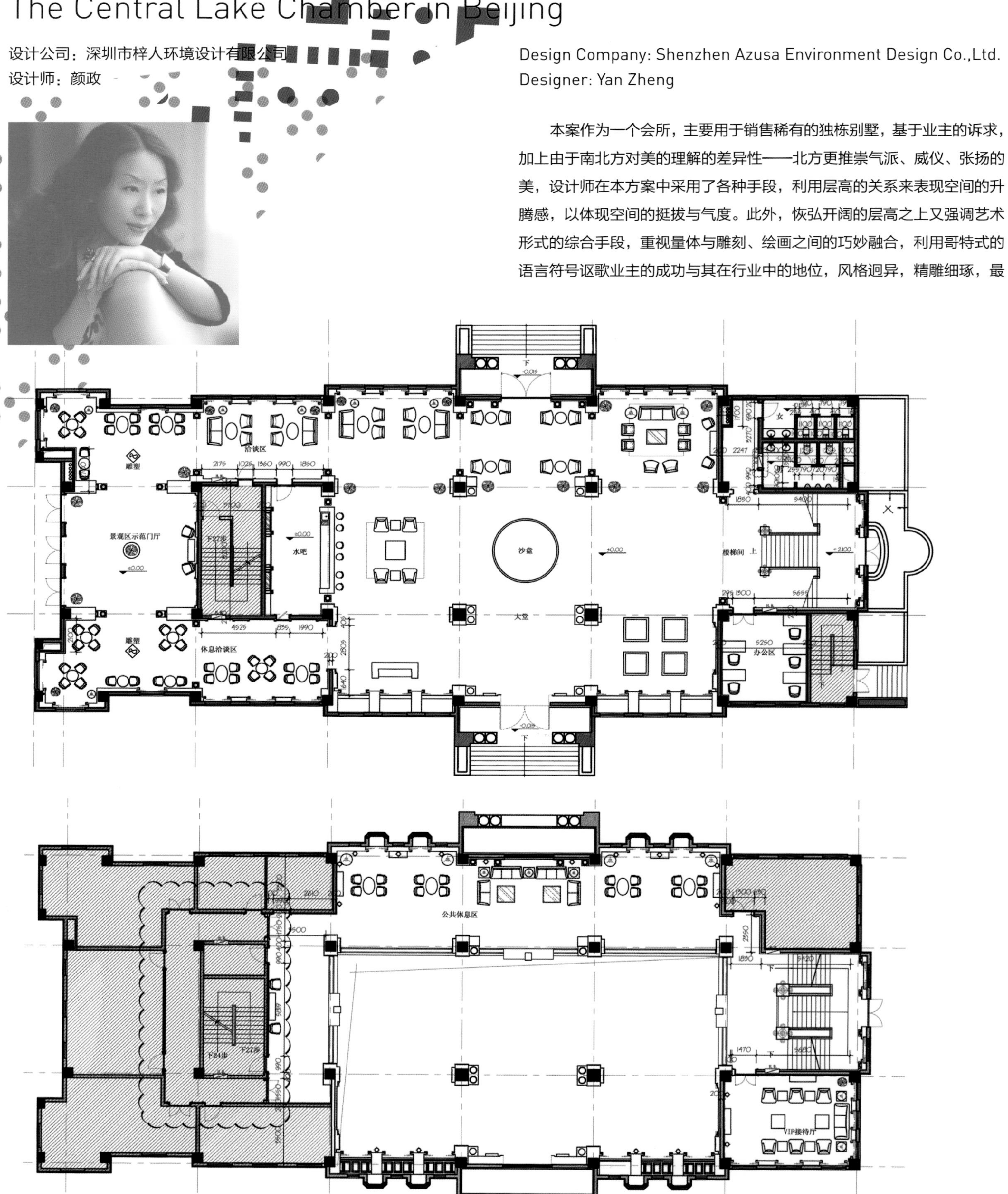

终成为艺术人文气质馥郁的顶级臻品。为表现空间的富丽奢华，设计者选用了大量的丝绸与华丽的流苏作为装饰材料，且采用了具有教堂特征的绘画以突显空间不怒自威的华贵，让整个空间显露出一种先声夺人、气势恢宏的张扬之美。

气度非凡的中海尚湖会所以欧式风格建筑为主，集华丽装饰、浓烈色彩以及精美造型于一体，力求营造出豪华富丽的装潢效果。雕塑感极强的空间中，天花的刻画最为引人注意，采用象征着教堂意义的天顶绘画与彩绘镶嵌玻璃丰富天花顶部，轻松地酝酿出浓厚的艺术氛围，提升了整体空间的美感和品质。立面设计通过浮雕艺术的细腻打磨，使原本简单的直线与流线幻化为栩栩如生的繁复图案纹理，布满整个空间，营造出欧洲宫廷般的贵族气息。

不仅如此，设计师还大量采用欧式元素，如雕花摆柜、水晶吊灯、铁艺楼梯扶手、金属艺术品等，传递出显赫的欧式风韵与情致，为空间增添金碧辉煌的风华。家具是新古典主义风格的，上等的丝绸以华丽、浓烈的色彩配合精美的造型，以达到富丽堂皇的装饰效果。此外，由于选用的家具极为奢华古典，窗帘的选择也必须以雍容尔雅的格调为导向，突显其华丽的一面，以此配合空间的整体设计，达到和谐与统一。

任何时候，设计师所追求的都是希望通过对软硬装（包括天、地、墙、家具及陈设饰品）的深度提炼，全方位挖掘出建筑敛藏于内的豪贵气质。

LAGOON MANOR CLUB

1866绿景中央公馆销售中心
1866 Greenview Central Mansion Sales Center

设计公司：深圳市派尚环境艺术设计有限公司
设计师：周静

Design Company: Shenzhen Panshine Interior Design Co., Ltd.
Designer: Zhou Jing

1866 年，集自由、理性、包容、个性、创造于一身，它是发现的时代，也是革新的时代，更是一个短暂的黄金时代。从古至今，随着时代的交替、社会经济的发展，城市正一步一步地仰望着更高的方向，追寻新的国民精神。1866 绿景中央公馆销售中心是在继承 1866 时代精神的基础上的进一步发扬与创造，它经过设计师们肆意的打造，终成为一个既有着小资韵味、含蓄婉约的民国风情，又有着自由包容、民族创新的精神复苏的精致展厅，让国民仿佛一下子又见黄金时代。

1866 绿景中央公馆销售中心是由深圳市派尚环境艺术设计有限公司领衔设计，设计师将 Artdeco 的设计风格与现代装饰艺术的景观风貌熔于一炉，精雕细琢，使得每一个细节之处均传递出自由、包容、创新、向上的生活理念，叙说着愈发高端的生活品味与生活哲学。

这是一个舒服且有着独特文化韵味和精神影响力的空间，在建筑内部空间轮廓的勾画方面，设计师喜欢通过简约的线条造型及其线条组合结构灵活表现出 Artdeco 的魅力。如天花、立柱、立面的处理，直线、曲线等

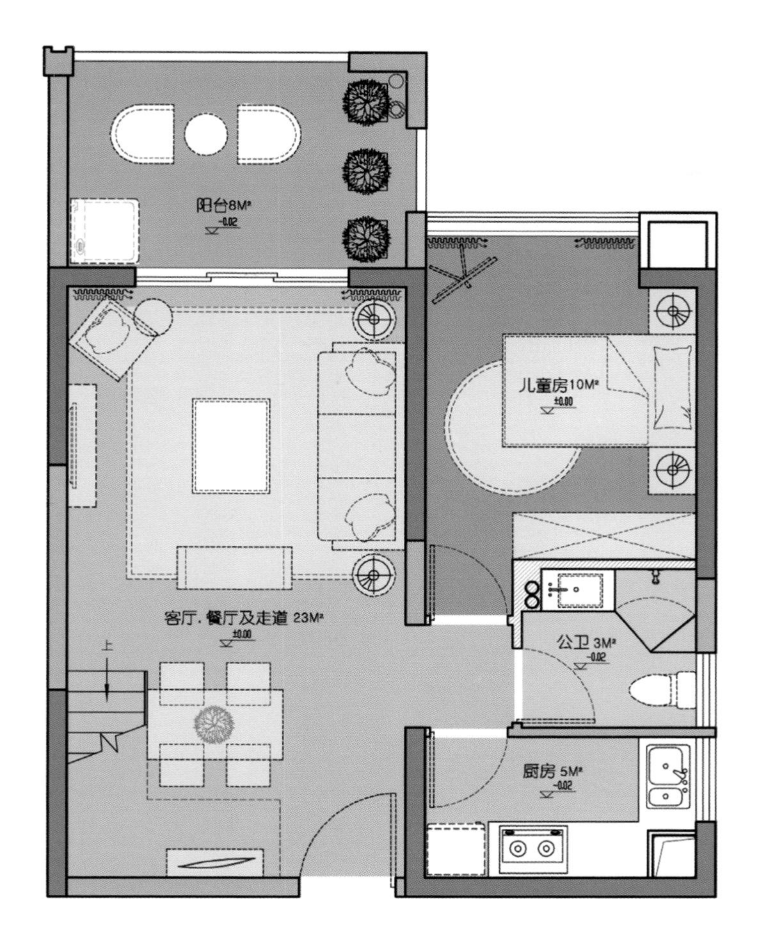
阳台8M²
-0.02
儿童房10M²
±0.00
客厅、餐厅及走道 23M²
±0.00
上
公卫 3M²
-0.02
厨房 5M²
-0.02

阳台中空
主卧15M²
±0.00
书房 9M²
±0.00
公卫 3M²
-0.02
楼梯中空
楼梯过道 5M²
±0.00
淋浴间 2M²
-0.02
下

PARIS

在设计师的摆弄下呈现出的几何造型既充满诗意又富有强烈的装饰性，明显地反映出 Artdeco 的特色。

此外，色彩理所当然地成为其表达和描绘空间表情的重要工具。家具、挂画、工艺品、植物等，五彩斑斓，婀娜多姿，有纯洁的白色、热烈的红色、忧郁的蓝色、浪漫的紫色、深沉的黑色、朴实的褐色，与各种华丽璀璨的水晶吊灯，彼此相互融合，塑造出激烈昂扬的浓烈环境氛围。本案中材料的选用上，设计师引进了镜面不锈钢、玻璃、高档的石材、木材、绒布等材质，相互穿插于宽阔的内部空间中，在色泽、纹理、造型的鲜明对比下很好地丰富了整个设计理念的内涵与形式。

绍兴景瑞望府售楼处
The Honored Mansion Sales Center in Shaoxing

设计公司：上海乐尚装饰设计工程有限公司
设计师：张羽
摄影师：蔡峰
面积：936㎡

Design Company: Shanghai Lestyle Design Co.,Ltd.
Designer: Zhang Yu
Photographer: Cai Feng
Size: 936m^2

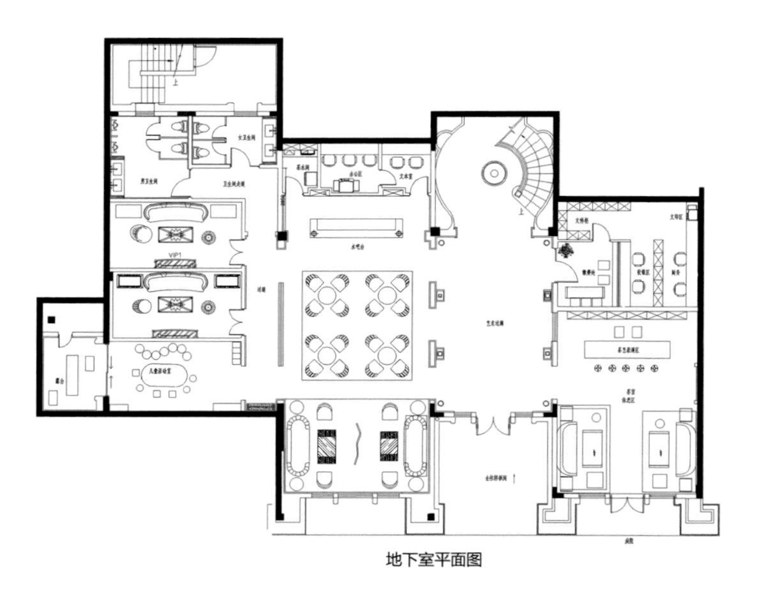

地下室平面图

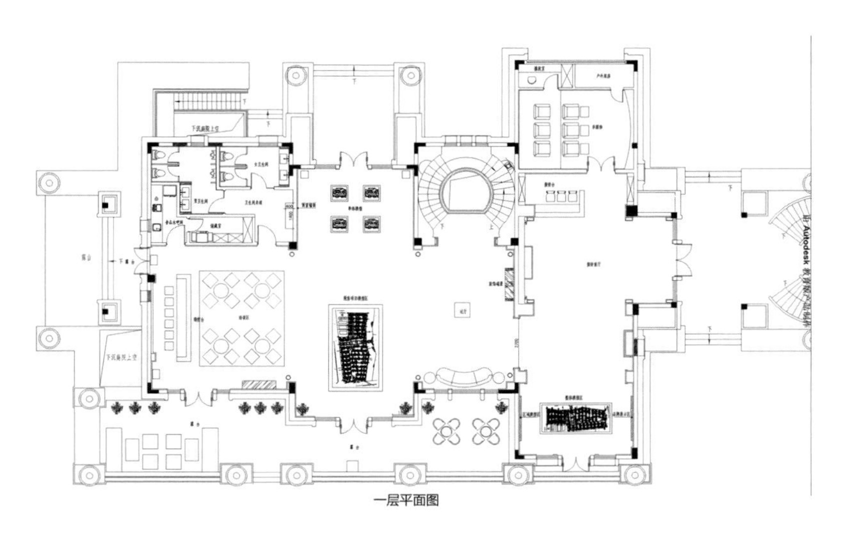

一层平面图

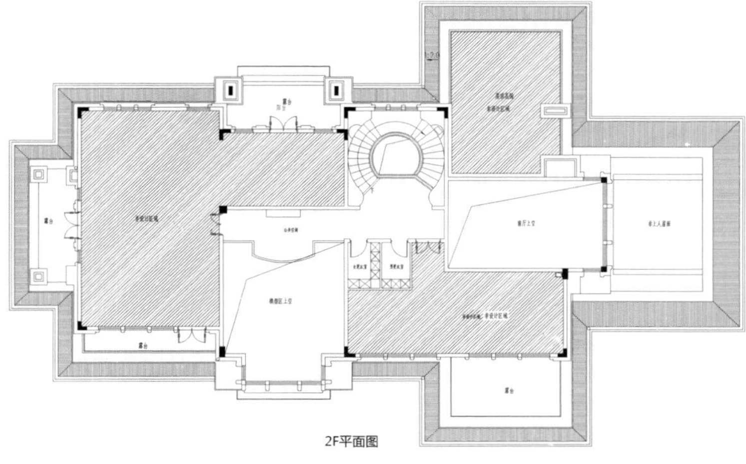

2F平面图

本案设计风格定位为海派装饰主义风格。整体低调、奢华，透露出浓浓的文人趣味。气质自由、开放，处处显露着海纳百川的胸怀。这就是海派精神，体现了经典与复古。

家具、灯具材质上运用了具有华丽感的黑檀木、树瘤贴皮、镀烙金属、琥珀色水晶；面料上混合了现代时尚的彩色皮革、丝绒面料；饰品上运用了手工漆画、彩色玻璃等，并且通过拼接抽象的造型加强对材料本身质感的强调，也能赋予老上海以新滋味。

色彩上大的空间区域挑选了纯度比较低的色彩配合空间的文化气质。深紫红、暗灰绿、灰蓝等，与深褐色的木材搭配，处于同一灰度的色彩能增加空间的厚重感，令其充满叙事的味道。而在入口中厅处选择了大胆拼接的法式造型三人沙发，赋予装饰性，给予视觉新的体验。

装饰画和饰品细节上，松针形状的彩色纹路，宝蓝色经典花纹图案玻璃瓶和精挑细选的老古董装饰瓶都让人感觉到海派风情扑面而来。

常州九龙仓国宾一号会所
Wharf Top Villa Club in Changzhou

设计公司：上海乐尚装饰设计工程有限公司
设计师：卢尚峰
面积：1357㎡

Design Company: Shanghai Lestyle Design Co.,Ltd.
Designer: Lu Shangfeng
Size: 1,357㎡

回望路易十五时代，他带领整个贵族阶层进行了一场轰轰烈烈的浪漫主义革命运动，使法国上层社会在艺术欣赏和生活方式方面，从推崇古希腊、古罗马古典主义转变为追求带有东方情调的浪漫主义。室内装饰从天花板到墙壁，从水晶吊灯到鎏金座钟，玻璃的、陶瓷的、青铜的、大理石的……各种各样的装饰品、摆件，各式各样的家具，人们不仅要求原料上乘、做工精细，更要求式样新颖、与众不同。

过去时代的家具和装饰品，无论是哥特式的、文艺复兴式的，还是路易十四时期的，统统被弃置不用。设计师和工匠们呕心沥血、绞尽脑汁，以满足这些品位高雅、严格苛刻的王公贵族顾客的需求。正是这一时期，法国产生了对后世影响极大的浪漫主义的“洛可可”装饰风格。

岁月变迁，浪漫主义在室内设计中有了重新的定义，人们依然崇尚路易十五时期的宫廷气息，但省去了浮夸和臃肿。

本案在设计风格上定位为法式新贵族风，在家具造型设计方面，从追求优雅柔和改变为追求宏伟壮丽，家具对称式的布局，更显礼节化，进一步明确空间的商务属性。色彩上大胆以红色作为主色调，绿色的遥相呼应让空间形成了一种强烈的戏剧感。不管是窗帘还是花艺、家具面料都进行了一次全新的探索。

19 世纪，建筑师德杜克花费数年修复了巴黎圣母院的彩色玻璃，虽然他的努力受到许多批评，但终究经过了历史的考验成为绝世佳品。本案大堂的设计灵感正是基于建筑师的执着，巨大的水晶吊灯缓缓落下，让顶面与地面形成一种空间的联动，使尊客倍感贵族荣耀。

马和钟表主题的设定是让空间的荣耀感有所延续，有战争胜利归来的马，也有休闲出游的马，更有打猎收获的马，无不发现只有贵族才能真正地拥有这种生活。只有美的极致，才是生活的开始，钟表自诞生之日起就扮演一种非同寻常的角色，光彩夺目的背后让我们对历史充满更多遐想。

男女尊客空间的考虑，在主题上进行了不同定位。男 VIP 区以蓝色作为主色，骑马涉猎展现男人英勇威猛的一面；女 VIP 区以红色、绿色作为空间主色，金色雕花屏风与弗郎索瓦 · 布歇的《德 · 蓬帕杜尔夫人》油画的结合，尽显女性风姿。

过道墙面的组合油画与铜嵌青花瓷盘的结合从不同角度反映了顾客的尊贵，进一步诠释了“出入皆人物”的所在。

九龍倉 | 國賓 1 號
AMBASSADOR

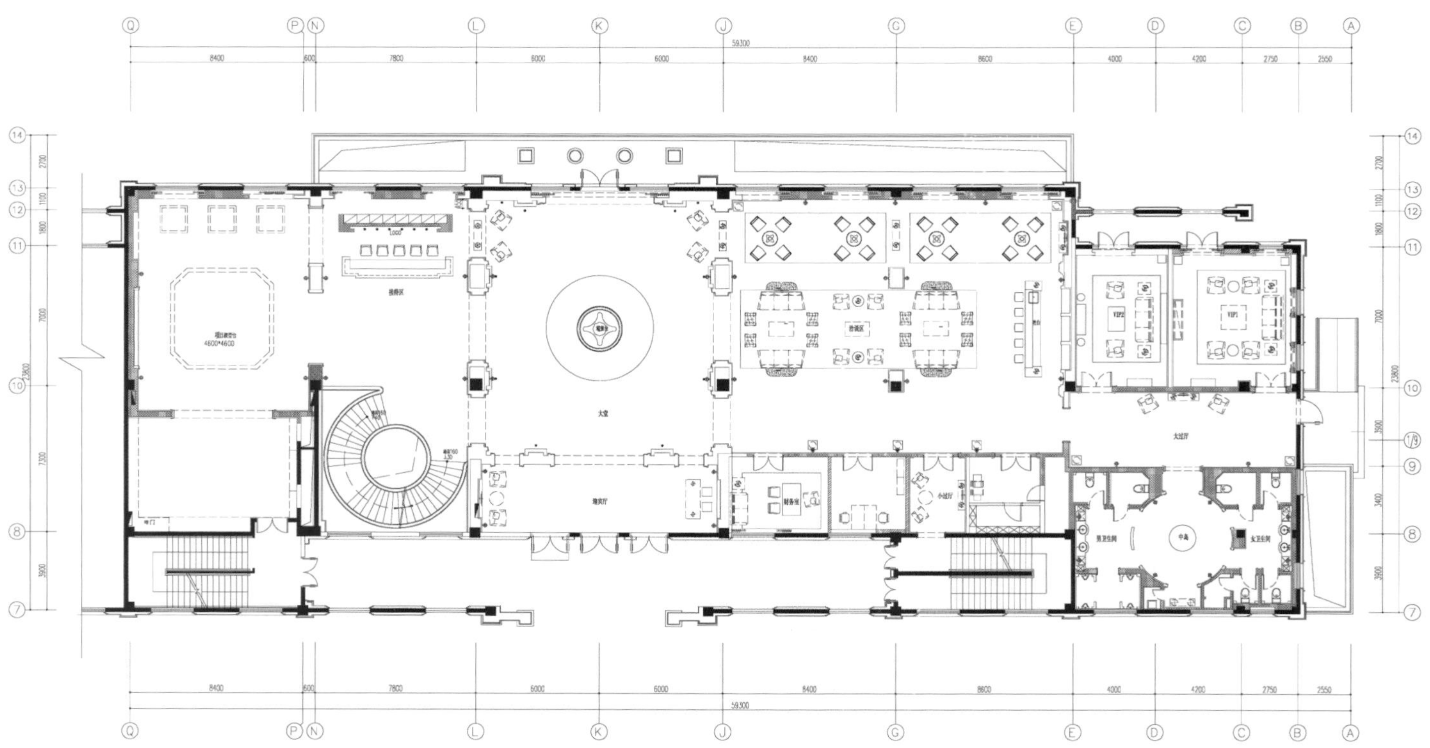
Q
P
N
L
K
J
G
E
D
C
B
A
59300
8400
600
7800
6000
6000
8400
8600
4000
4200
2750
2550
LOGO
接待区
项目展型台
4600*4600
大堂
迎宾厅
洽谈区
VIP2
VIP1
大过厅
财务室
小过厅
男卫生间
中岛
女卫生间

台湾富豪至尊接待中心
Reception Center of Supremacy in Taiwan

设计公司：天坊室内计划有限公司
设计师：张清平
面积：248m²

Design Company: Tien Fun Interior Planning Co., Ltd.
Designer: Zhang Qingping
Size: 248m²

治大国如烹小鲜，室内设计也是同理，越是简单的菜式就越考验人的功力。以本案为例，如何能够不动声色地作业以表现小空间的室内装饰，令其脱颖而出、赢得青睐，更多的是要依靠设计师的独到设计手腕与功夫。

此次，台湾富豪至尊接待中心特邀著名设计师张清平大师坐镇设计。在他的主持掌控下，以黑白色调为主旋律的空间里，让新古典主义撞击巴洛克风格，迸发出前所未有的设计火花，所及之处绝无半点滞重拖沓之感，表现出高度的华美与精致，创造出一场令人难以忘怀的视觉盛宴。

接待中心结构简单，由接待大厅、会谈区、贵宾区、办公区、卫生间以及库房等几部分组成，大体布局主要呈左右割据之势，紧凑且井然有序。

设计师赋予整个建筑实体和空间以动态的美感，用简化线条结构拉大空间尺度，创造出新古典的高雅精致。比如接待大厅的天花在扭转流动的线条的包覆下，波折流转，避免了一般直线设计的生硬呆滞，而充满活泼生气，带动风水生财。又通过巴洛克式的精美绝伦之工艺技巧，造就出流畅之动态。设计以强调运动与转变为主，戏剧性地利用高贵动感的装饰符号衍生多样性的层次光影以达到强烈的光影对比、明暗对照的理想装饰效果。

现代风范
MODERN STYLE

台湾富裔河接待中心
Fuyi River Reception Center in Taiwan

设计公司：仲向国际设计顾问有限公司
主创设计师：张祐铨
设计师：林季莹
摄影师：吴启民
主要用材：金属、木作、玻璃、石材
面积：300㎡

Design Company: Lab Modus Architecture & Design
Chief Designer: Zhang Youquan
Designer: Lin Jiying
Photographer: Wu Qimin
Material: Metal, Carpentry, Glass, Marble
Size: 300㎡

设计概念源自于深海贝壳。雪白明亮的层次，包覆珍贵的珍珠，母贝以坚硬却柔软的线条环绕包覆着珍珠，层层包覆，由内而外，刻画象征海洋的线条。

我们以此为设计的根本，用建筑手法将其具象解构为形象语言。在外观上，便成了一座包覆着珍珠的贝壳建筑。

构思的过程中，基地本身的尺度是设计上的一大挑战：如何在 8m x 30m 狭长的基地限制下构图？于是我们决定拉伸视觉设计角度，将贝壳结合海洋的线条强化于立面上，水平延伸与弧形结合，用柔美的白色搭配金属的坚实素材，并配合室内空间需求开启或拉伸金属弧线，让建筑与基地环境在光线及视线的互动中存在。室内的部分，设计师重新思考“人”在空间中的角色，跳脱传统建物与人的关系，以空间和视觉来定义每一个分镜。室内线条在空间中是活泼而流动的，仿佛海浪般拉高又瞬间推远；光影的变化更是引进大面积自然的采光，通过自然的色彩调和室内照明。

國礎 富裔河

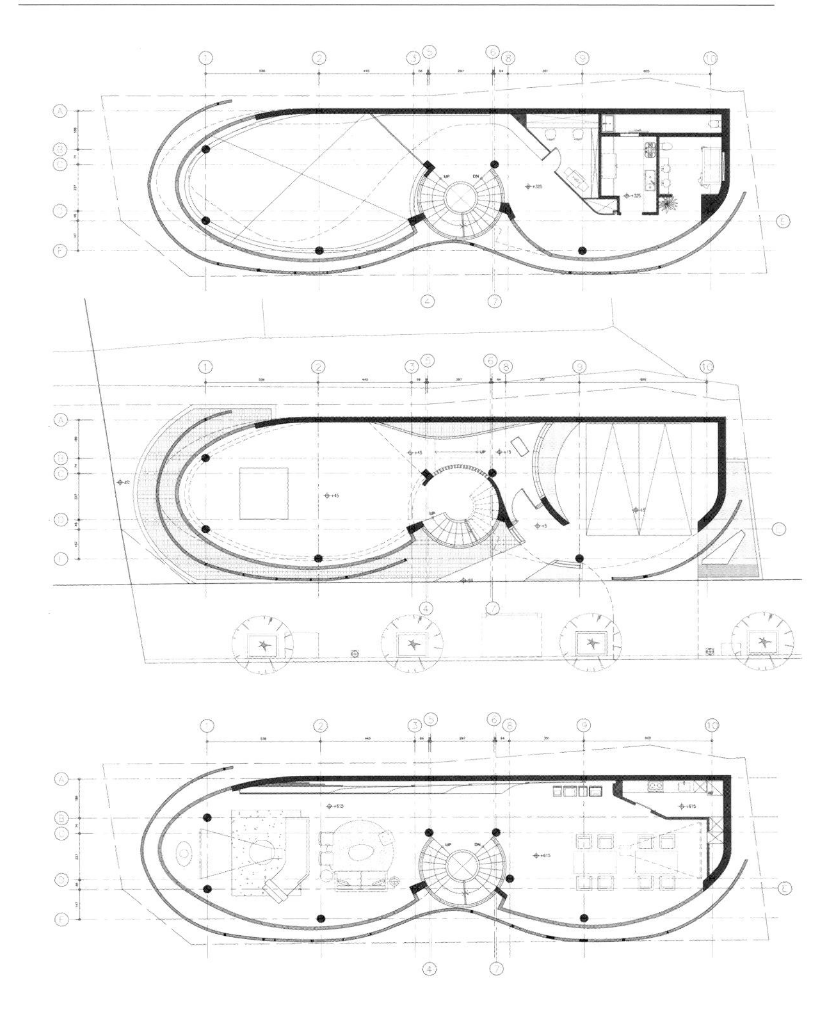

富裔河
LEGEND RIVER
國礎 富裔河

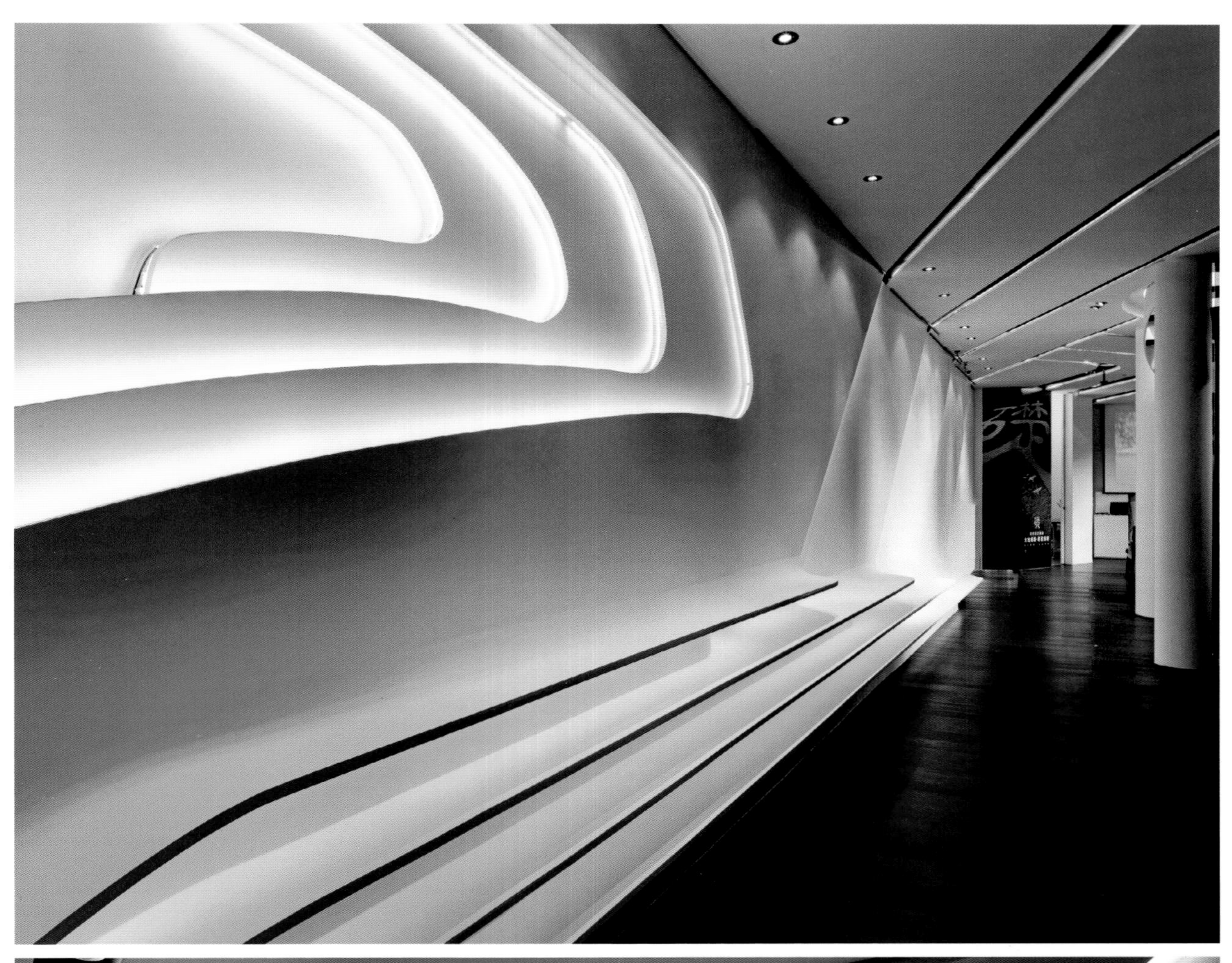

天津万科岸边展示会所
Vanke Quayside in Tianjin

设计公司：MOD设计
设计师：科林、凯文、乔伊斯、谢丽尔、卡斯塔涅达、布莱恩、丹尼斯、罗伯特、亚历杭德罗
摄影师：CI&A图文、爱德华
面积：4820m²

Design Company: Ministry of Design
Designer: Colin Seah, Kevin Leong, Joyce Van Saane, Cheryl Lum, Don Castaneda, Bryan Law, Danis Sie, Roberto Rivera, Lolleth Alejandro
Photographer: CI&A Photography, Edward Hendricks
Size: 4,820m²

“万科”，中国最大的开发商，领导业内潮流。本案为天津一高端住宅，由 MOD 倾情设计。两栋豪华公寓对接于海滨码头，以其企业标志、室内设计、定制家具以及景观制作塑造别样创新的视觉体验，打造永恒的经典。

内外之间的无缝对接，可谓实现了家居中有海天一色及海天中有家居生活的愿望。流动的有机线条，无上的核心图案，原本截然不同的两种形式和谐地合二为一。石材、木材、铜作，有精心之设计，却无刻意之安排。家居为了生活，生活的实质在于家居。

QUAYSIDE

万科三角V画廊
Vanke Triple V Gallery

设计公司：MOD设计
设计师：科林、大卫、丹尼尔、耶利米、林恩、诺埃尔
摄影师：CI&A图文、爱德华
面积：750㎡

Design Company: Ministry of Design
Designer: Colin Seah, David Tan, Daniel Aw, Jeremiah Abueva, Lynn Li, Noel Banta
Photographer: CI&A Photography, Edward Hendricks
Size: 750㎡

本案具备双重功能，既用作画廊展示，也用作旅游资讯中心，业主为中国最大开发商——万科。自入世以来，一直为沿“东江湾”海岸线地标建筑。雕塑般的艺术感性，融合着对其周边理性的分析，最终促成本案三角般的“V”形平面。沿三边伸展，有很强的立体感。

明确的功能划分：旅游资讯中心、画廊、休息洽谈区。休息洽谈区如同画廊的伸展，延续着内里的艺术气氛。除了绵延的海岸风景，同样雕塑质感的柜台方便着洽谈的客人。

设计的手法，悄悄地呼应着海岸的风景。立面的“柯尔顿”耐腐钢板，内里的木质板条墙面、天花无形中渗透着自然的感觉。

远观时，整个建筑如同一幅抽象的山水画。近看，因为“柯尔顿”的耐腐钢板的运用，空间突然有了种人间的气息，如同套在山水之上的头帽。抬升的量体边缘清晰地标注着两个入口通道。独特质感的外表映照在内里空间。木质的墙体、天花，如同戴在地板上的帽子帽沿。恍然间，外观的感觉于此得到了进一步的印证。

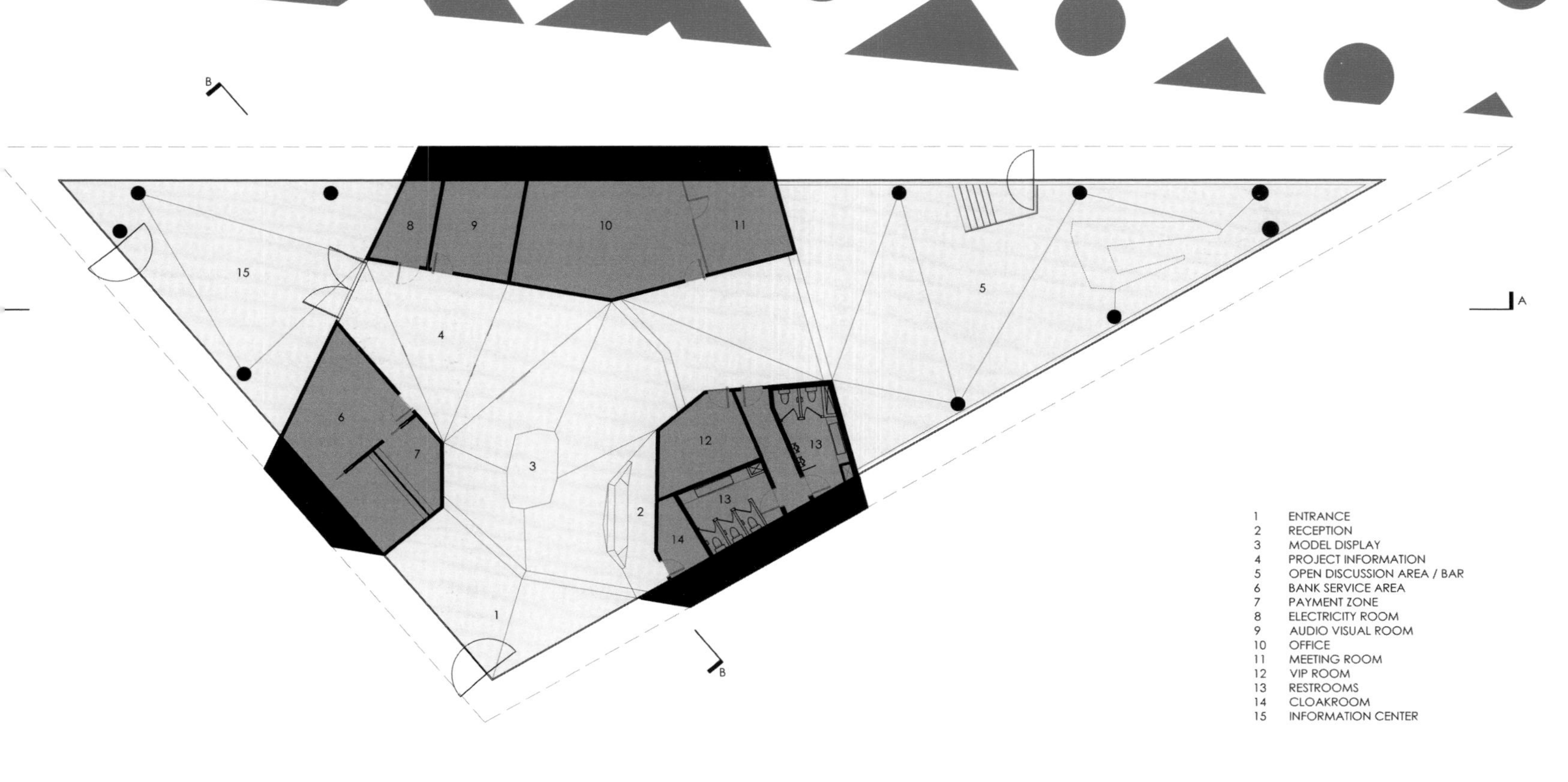

1 ENTRANCE
2 RECEPTION
3 MODEL DISPLAY
4 PROJECT INFORMATION
5 OPEN DISCUSSION AREA / BAR
6 BANK SERVICE AREA
7 PAYMENT ZONE
8 ELECTRICITY ROOM
9 AUDIO VISUAL ROOM
10 OFFICE
11 MEETING ROOM
12 VIP ROOM
13 RESTROOMS
14 CLOAKROOM
15 INFORMATION CENTER

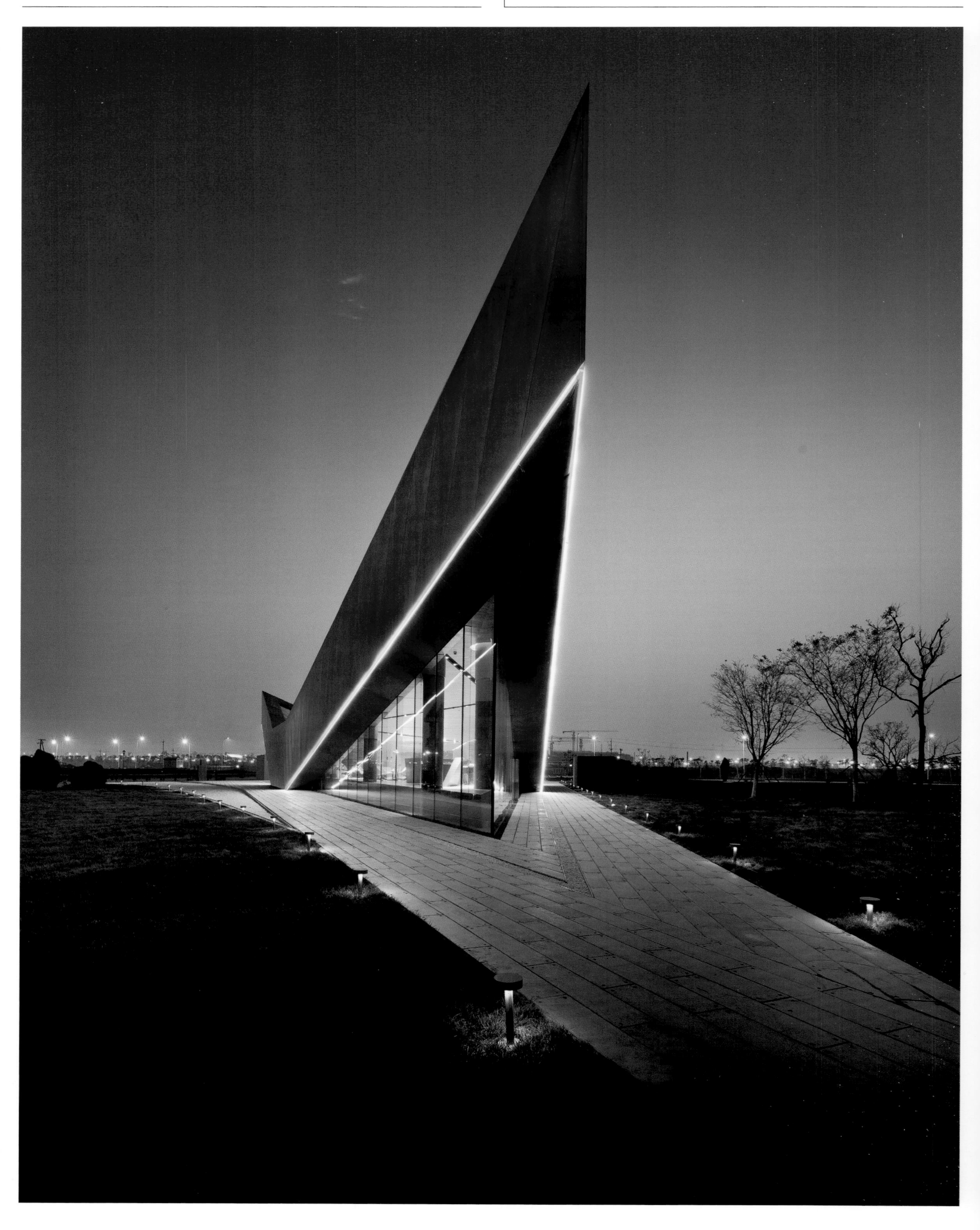

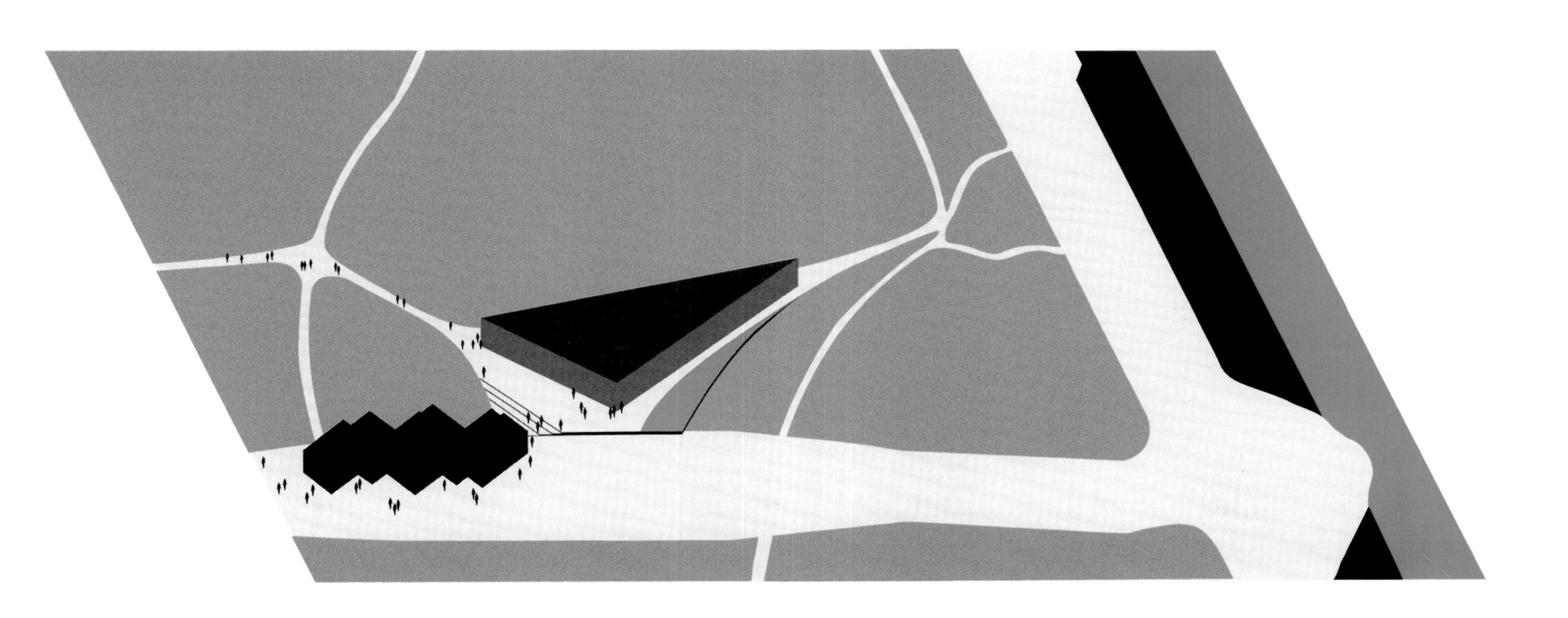

台湾E2接待中心
E2 Reception Center in Taiwan

设计公司：玄武设计
设计师：黄书恒
撰文：程歆淳
面积：1297m²

Design Company: Sherwood Design
Designer: Huang Shuheng
Text: Cheng Xinchun
Size: 1,297m²

现代科技的蓬勃发展，带来开放信息与便利生活；四通八达的交通动线，勾勒了人们的生活蓝图，引领我们前往梦想的远方。然而水泥大厦以其简洁外形带来利落感的同时，也设下了重重冰冷帷幕，逐渐隔绝人与大自然亲近的机会。

先进生活与单纯情致是否能并行不悖，必须倚赖设计者的巧思，让建筑取得“时尚”与“纯净”的完美平衡。这份两全其美的雄心便成为玄武设计规划“E2 接待中心”的初衷。而狭长地形影响了空间面积，如何使空间的限制转化为设计的创意，发挥点石成金的效果，是设计者处理“E2 接待中心”时最大的挑战。

昼夜光影　轮舞空间

坐落于汐止的“E2 接待中心”，被密集的厂办区域包围，面对空间限制，玄武设计除考虑建筑功能外，也将周遭环境、人文与自然的互动纳入考虑。

由于建筑主体只能以狭长的地势呈现，访客临高俯视，从建筑物上方

往下望时，可见一道特意设计的总长200米，面积却只有1 000多平方米的狭长形建筑，犹如一条暂伏地面、等待飞升的巨龙，曲折的身形也如同一道生态围墙，隔绝了周遭环境的生硬与冰冷；当访客远远观之，可见大片墙面伫立眼前，立面采用大片玻璃营造出轻透又朦胧的双重感受，于青绿色泽的衬托下，建筑物犹如被马赛克化的森林，蕴涵生态保育的重要观念，又能与周围的居住环境无缝接合，夹缝求生的珍稀绿意精巧地隐喻在水泥丛林中。

一幢饱含生命力的建筑，应不分寒暑昼夜，随时观照来宾与居民，并能以精致的细节呈现设计的内蕴。故此，玄武设计采用东方哲学，将企业标志转化为八卦卦象，并以大面立墙呈现独特风景；夜晚时，墙面切换不同的色泽，粉紫、黄、蓝……色彩纷呈，成为变化万千的城市风景，点缀每个访客的视野与心灵。

青白交融　共谱景深

在色彩的选择上，贴合企业精神与社会风尚，“科技感”成为坚不可移的设计主轴，简单而不显生硬的纯白色，自然成为建筑规划的重要基底，无所雕琢的外墙，反而犹如一面宽广的画布，让人们的遐思自由飞扬，既

可维持数位建筑的先进感，也巧妙消融了人们对钢筋材料“去人性化”的忧虑。

然而，设计者的策略不仅于此，若说纯白外墙是杰出画作的基底，那么两道分走天地的青绿便成为底图上最灵活的运笔。主体建筑的安静伫立更突显两条绿带的生动活泼，一条延展于建筑物外围，自然绿地的隐喻持续蔓延，直至与远山相连；一条铺于建筑物之上，贴合主体形状而稍有蜿蜒，呈现青绿与纯白的生动对话。夹于其间的艳红台阶，展露设计的诙谐内涵，于严谨与开放之间运用看似抵触的颜色，使空间张力延展至极致，生猛的视觉效果引导着人们拾级而上，至建筑顶端瞭望远方的宁静。

在设计者的巧思之中，“E2 接待中心”不仅完全契合企业的品牌精神，满足了业主对自身的一贯要求——高度科技感，更进一步地扭转“科技”等同“冰冷”的刻板印象，在讲究人与万物共存共荣的现代社会，玄武设计为企业打造了极具时尚感的营销道具，同时也为访客、居民们打造了一处“生态森林”，满足人们与大自然亲近的渴望。

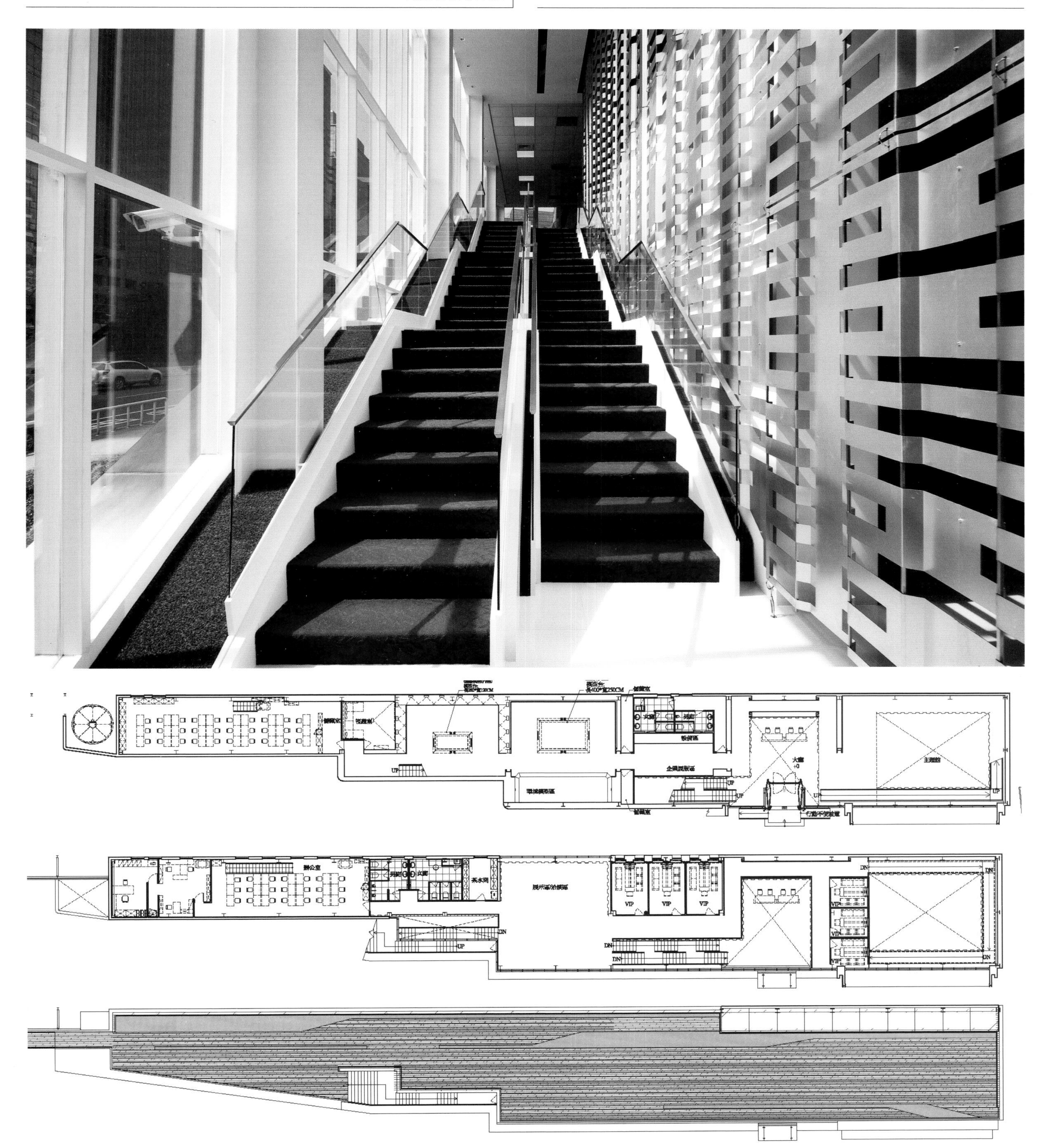
长400*宽250CM
大堂
+0
UP
行動不便坡道
办公室
男厕
女厕
茶水间
VIP
DN

NORTH
AMERICA
美國 UNITED STATES
MID AMERICA
SOUTH
AMERICA
s. Credits.Farglory
EW WORLD

南昌麻丘售楼部
The Maqiu Sales Center in Nanchang

设计公司：穆哈地设计咨询（上海）有限公司
设计师：颜呈勋

Design Company: MRT Design
Designer: Bill Yen

从无到有，再从有到无，不规则的流线将整个售楼中心融合为一个整体，串联起楼梯走廊、接待大厅、洽谈区和数字体验区等功能单体，让人在其中自由游走。方案强调空间流线的动态设计，也注重人在动态中对空间的体验。

白色的建筑体量前卫而大胆，不规则体块、流动感的线条，似溶洞，又似随意流下的牛奶，任君想象。从建筑外观看，体量感十足的白色建筑嵌上大面积的玻璃，墙外就是一个水池，潺潺的流水与白色建筑体相得益彰，展现着一种愉悦、一种清净。

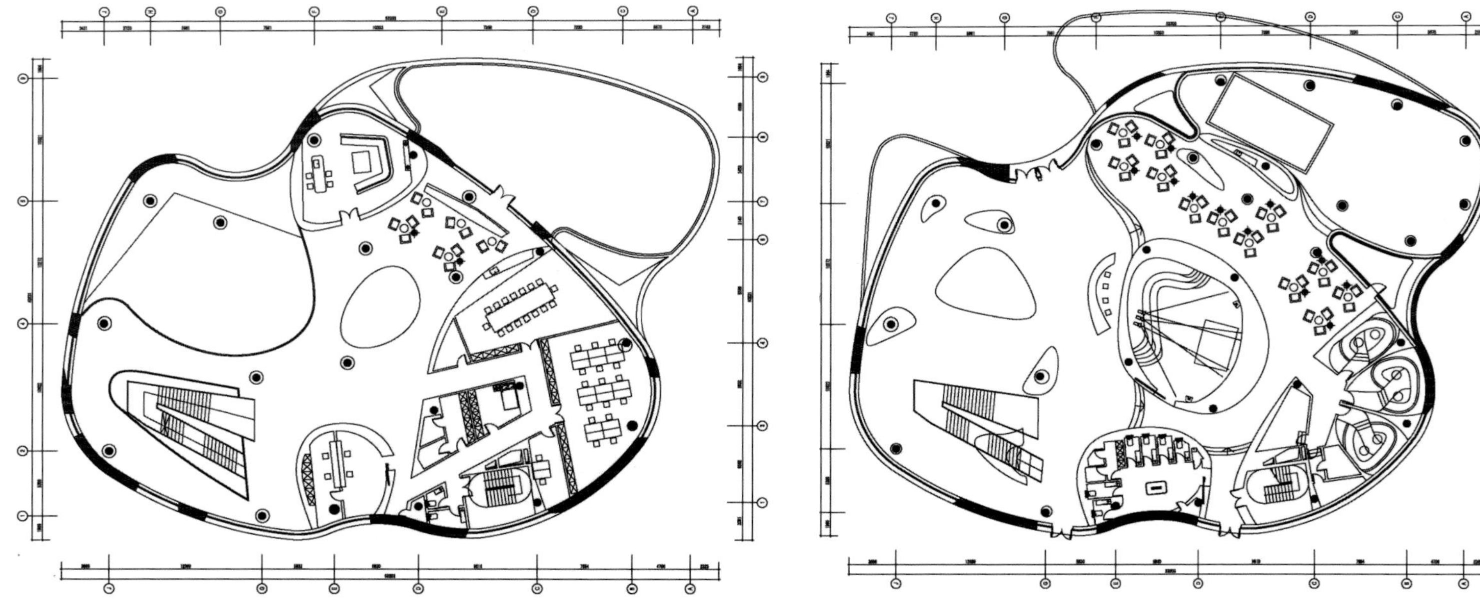

整个销售中心都是纯粹的白色，白色的墙体、白色的天花、白色的地面，设计师就是以这种前卫超然的手法来体现一种实验性。一楼通往二楼的楼梯则启用了深色偏暖系的金属材质，在冷与暖、柔与硬、收与缩之间形成鲜明张力，让人眼前一亮。过多的白色会使空间显得单调吗？其实这是设计师想把设计融入人、融入生活的一种手法，当不同种族、不同着装的人进入这个空间，就在无形中增加了空间的色彩，丰富了空间，这也体现着一种相辅相成、相映成趣的特点。

一楼大厅的大型玻璃窗户充分地利用了太阳光，使得整个开放空间光亮通透，自然而然就给来访者一种清新开朗的感觉，让人心情舒畅。当阳光拂过水面，在白色空间中流转时，人们能够愉悦地享受美好的生活。而这，也是设计师的宗旨。

昆山九方城销售中心
9-Direction Sales Center in Kunshan

设计公司：壹正企划有限公司
设计师：罗灵杰、龙慧祺
摄影师：罗灵杰、龙慧祺

Design Company: One Plus Partnership Limited
Designer: Ajax Law Ling Kit, Virginia Lung
Photographer: Ajax Law Ling Kit, Virginia Lung

“修明礼乐”是君子之所为，也说明了音乐和礼教同等重要，生活中各个场合也需要其存在，亦言明人生之中不能没有音乐。这个售楼中心正是以音乐这一生活重要元素作启迪。

作展示及接待用的大堂是售楼中心的灵魂所在，而这拥有两层高天井的大堂位置得天独厚。一列仿如烟花爆发般的金属吊灯从接待处天花一直伸延至另一端的天井边缘，构成了火树银花的气氛。设计师又用了一块块带有音纹造型的屏风将天井围好，众屏风延伸到天井外时则着陆到地坪上作空间控制，用充足的垂直空间来展现音乐实用性及可观性。浅灰色的大理石地坪上出现了一系列深灰的音纹图案，顺应着灯饰及屏风的方向，以视觉的方式使音乐满布了整个空间。

在大堂的一隅，一幅以地坪石材构成的立体音频棒形图，活泼地由地面跃然回旋而上，访客们就像乘着跳脱的琴声登上上层。琴声之后，设计

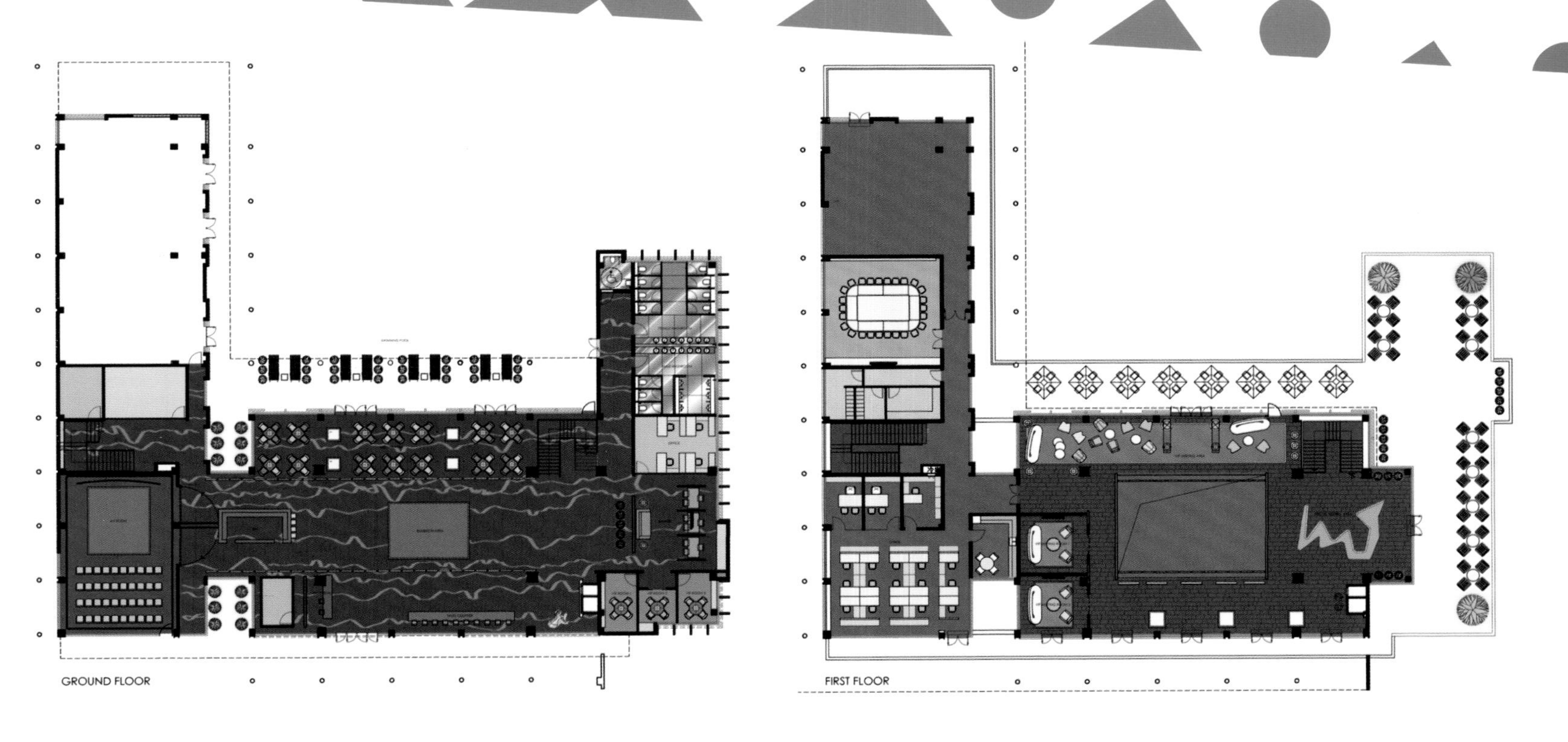

师于各个房间内准备了不同类型的“音乐”。深咖的线条花纹地毯及黑色的布帘和天花，漆黑的氛围对比着投射荧幕和白色方形几子上的投射影像，影片放映室是时而刺激时而沉着的爵士乐。儿童游戏室，白咖灰的柔和色调组合，配置圆孔状书架、六角形凳子和方块包布墙，一如简单而动听的童谣，是一种意想不到的平衡。

EXTRAORDINARY
OBJECT
千亩森林墅 南山非凡物

拉

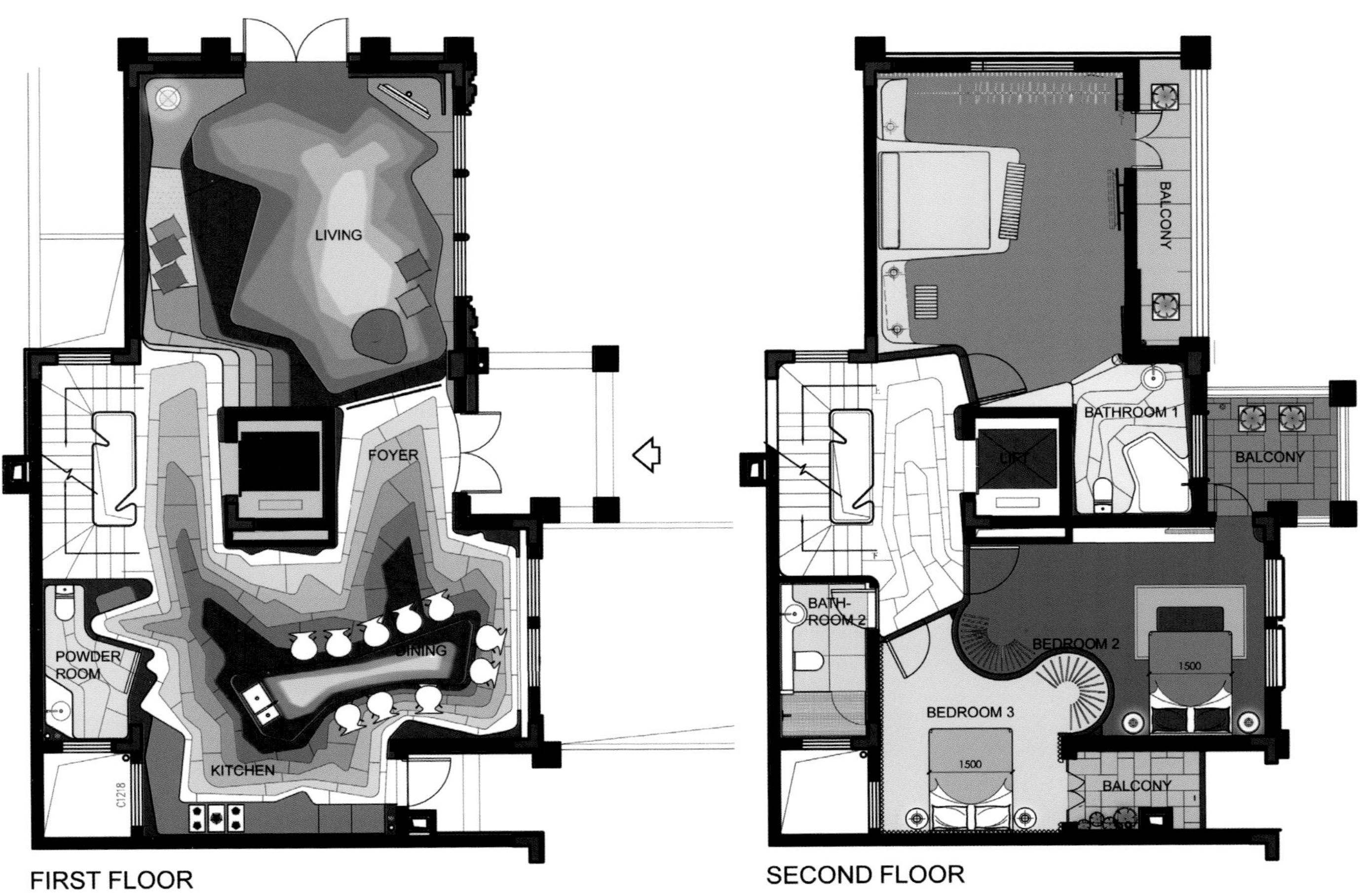
LIVING
FOYER
POWDER ROOM
DINING
KITCHEN
FIRST FLOOR
BALCONY
BATHROOM 1
LIFT
BALCONY
BATH-ROOM 2
BEDROOM 2
1500
BEDROOM 3
1500
BALCONY
SECOND FLOOR

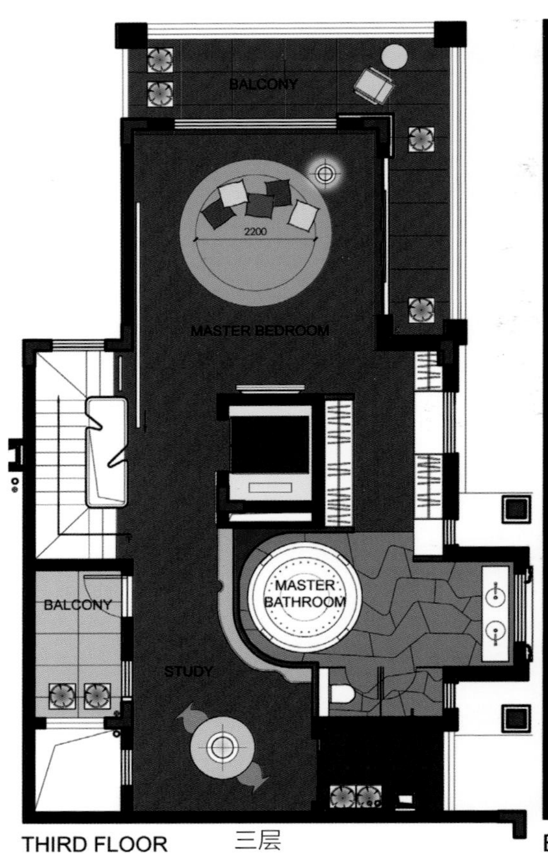

THIRD FLOOR 三层

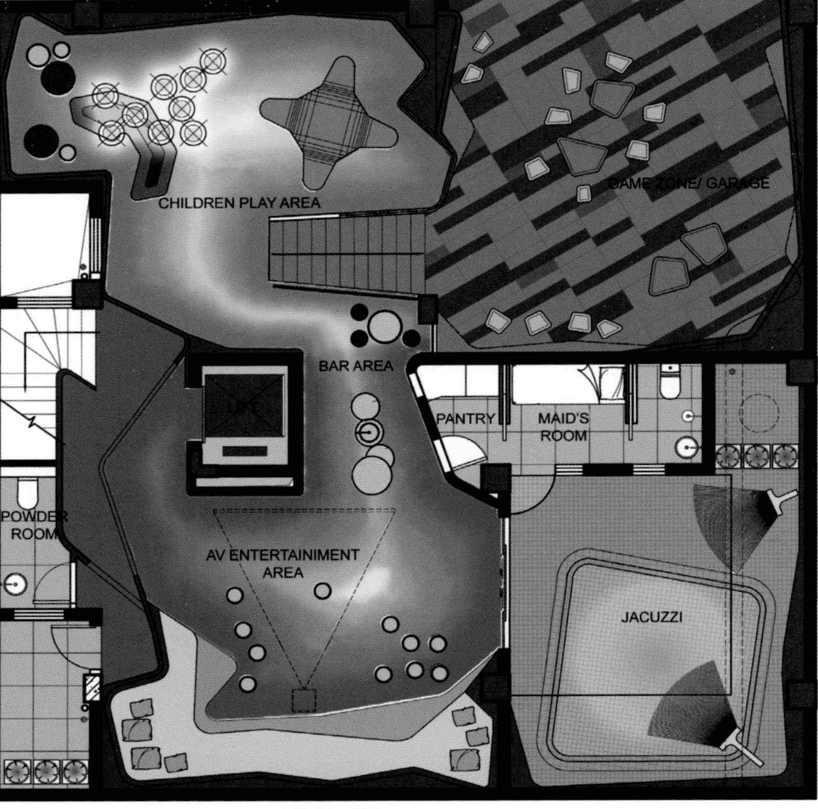

BASEMENT FLOOR 地下一层

广州时代外滩会所
Times Bund Club in Guangzhou

设计公司：上海达观建筑工程事务所
设计师：凌子达、杨家瑀
面积：4 000m²

Design Company: Kris Lin Interior Design
Designer: Ling Zida, Yang Jiayu
Size: 4,000m²

时代外滩位于番禺沙窖岛东侧，三江环绕，景观资源得天独厚。该项目为广州首个 5 000 平方米社区艺术会所、中国首个社区配置私家剧场的豪宅，它由八栋高层组成，以大户型为主，配置会所和超五星级物业服务。另外，项目拥有双泳池设计——国际标准直道泳池、科技引领的罕见室内大恒温水世界；并设有优雅生活馆，咖啡馆、健身室、室内篮球场、桌球室、棋牌室等一应俱全。

本案是一个结合了会所与售楼处功能的三层高的设计项目，设计师采用垂直的楼梯空间将地下一层、一楼、二楼串联起来。一楼以售楼中心为主体，并结合吧台与多功能型会议厅；二楼为销售人员办公室；地下一层的部分则以“连动会馆”为主题，包含一个游泳主题馆、健身房、舞蹈室、篮球室等。各楼层间通过“流体”式的楼梯进行衔接，似有从二楼蜿蜒流转至地下一层之意，诱发出一种柔性的张力。

本案的设计手法以创新为出发点，利用大量简明的线条和丰富的几何造型完成空间设计，旨在打破传统横平竖直的空间视觉。整体空间全部以 3D 建模制作，从 3 度空间中探索全新的想法，企图创造具有体量感与艺术感的空间。就该建筑本身而言，它酷似一个精致的雕塑体，强调时代感与未来感，给人以艺术享受。比如游泳馆顶部的轮廓塑造，其原来屋顶面为斜面，顶部空间高低不平，于是设计师受“流波”启发，打造了泳池不凡的顶部。

此外，设计在创新中亦重视品质感，对于材料的选择十分慎重，力求使空间保持一种尊贵的氛围。

GYM
健身室

健身室
健身室

SNOOKER
桌球室

国际顶级艺术豪宅

贵阳绿地M中心售楼部
The Greenbelt M Center Sales House in Guiyang

设计公司：穆哈地设计咨询（上海）有限公司
设计师：颜呈勋

Design Company: MRT Design
Designer: Bill Yen

贵阳是一座“山中有城，城中有山，绿带环绕，森林围城，城在林中，林在城中”的具有高原特色的现代化城市。贵州有着典型的喀斯特地貌，以石林、峰丛、峰林和孤峰、溶沟和石芽为主要的地表形态。几乎可见到岩溶区所有的地貌形态和类型，地表有石牙、溶沟、漏斗、落水洞、峰林、溶盆、槽谷、岩溶湖、潭、多潮泉等，地下有溶洞、地下河（暗河）、暗湖。

本案的特点是将贵阳的自然景观运用到空间的塑造上，并结合现代灯光技术的运用，带给参观者特别的感官体验。我们希望利用这里天然的地形地貌特征，通过室内空间的表现手法给人一种特别的参观体验和感受。

我们采用阶梯状逐渐抬高售楼处的内部，在特别的高度采用回廊连接，整个空间貌似一个大的溶洞，在不同的高度感受钟乳石的闪闪发光，再通过不同位置的开洞进入内部，戏剧性地带给参观者特别的感受。不同大小和高度的楼梯相互连接，空间自然流畅地被连接在一起，参观者站在不同的高度用不同的视角体验空间的交错。我们首次尝试将模型区、洽谈区、水吧区逐层分离。 LED 发光墙是这次空间塑造的亮点，大面积的墙面闪闪发光，细腻自然，整个空间好像通过某种魔力自然生成。

空间材料上，白色几乎占据了大部分的色调，金属和木头以建筑的手法出现在特别的体量上。两条发光灯带像悬浮在空中的天梯一样让整个溶洞上空不再寂寞。

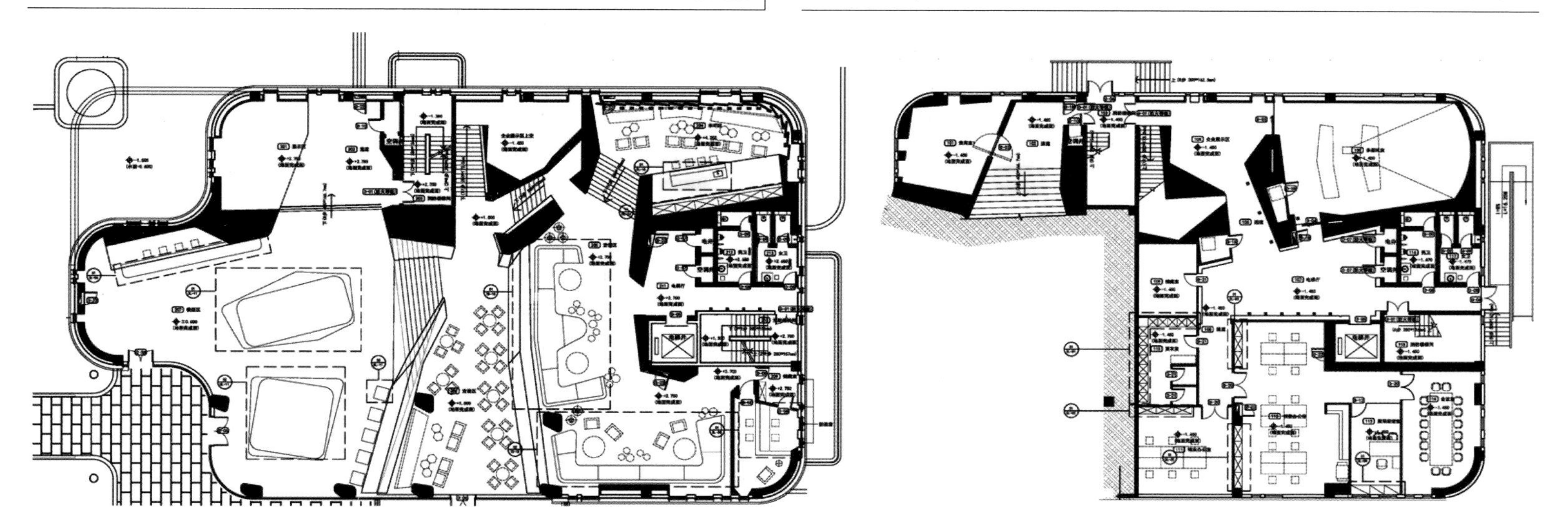

水吧区的入口像被两块巨石挤压出来的狭长走道，进入之后豁然开朗，大面积的金属网墙面和金色的吊灯在灰色的映衬下现代而华丽。影音室也是空间的另一个亮点，蓝色的几何图案和空间叠加，像一个戏剧性的戏院。

新加坡“大华置业”先锋展示销售空间
UOL Edge Gallery in Singapore

设计公司：MOD设计
设计师：科林、图尔、乔伊斯、安吉、安尼塔、罗恩、大卫、马尔辛、丹尼尔、埃诺尔、阿莉扎、亚历杭德罗、艾伦
摄影师：CI&A图文、爱德华
面积：910㎡

Design Company: Ministry of Design
Designer: Colin Seah, Tulsi Grover, Joyce Low, Angie Ng, Anita Shewchuk, Ron Sim, David Tan, Marcin Skolimowski, Daniel Aw, Noel Banta, Aliza Suarez, Lolleth Alejandro, Allan Veloso
Photographer: CI&A Photography, Edward Hendricks
Size: 910㎡

近年来新加坡房地产业兴盛，因此大大带动了样板房及销售空间的设计。

万物繁盛之际，不可避免地带来了千篇一律的问题，建筑空间的设计也是如此，到处是玻璃、石膏、板材塑造的内里。当它们彰显自己独特性格的同时，却只是虚有其表及刻板的奢华。

如此背景之下，MOD受“大华置业”（UOL Group）的委托，全心打造“大华先锋展示销售空间”。该项目室内设计一经推出，可谓颠覆新加坡业内同类空间之传统形象。矗立于新加坡东部沿海，代表244户的本案销售展示空间呈于世人的是一个整体的体验：有着建筑的外观，有着设计的灵魂，有着家具的陪衬。

可谓是对基地硬件条件的充分利用，也可谓是对业主要求的充分考虑。与众不同的独特形状，一端是曲线，一端却是平面，无意中形成的半圆环，展示着别样的圆润。基地前端是车水马龙的十字路口，曲面前端另有15米高的“香灰莉”树木，真可谓动中有静，静中有动。

30米远外的出租站台，是本案设计中不可逾越的点。互相矛盾的先天条件，不规则的外观，与车水马龙繁华而至的嘈杂，都是本案设计需要考虑的重点。当然，这里也有着开阔的视野与充足的自然光线。

白色的“L”形墙体，间以垂直的玻璃板材。相互交叉的视觉，和谐

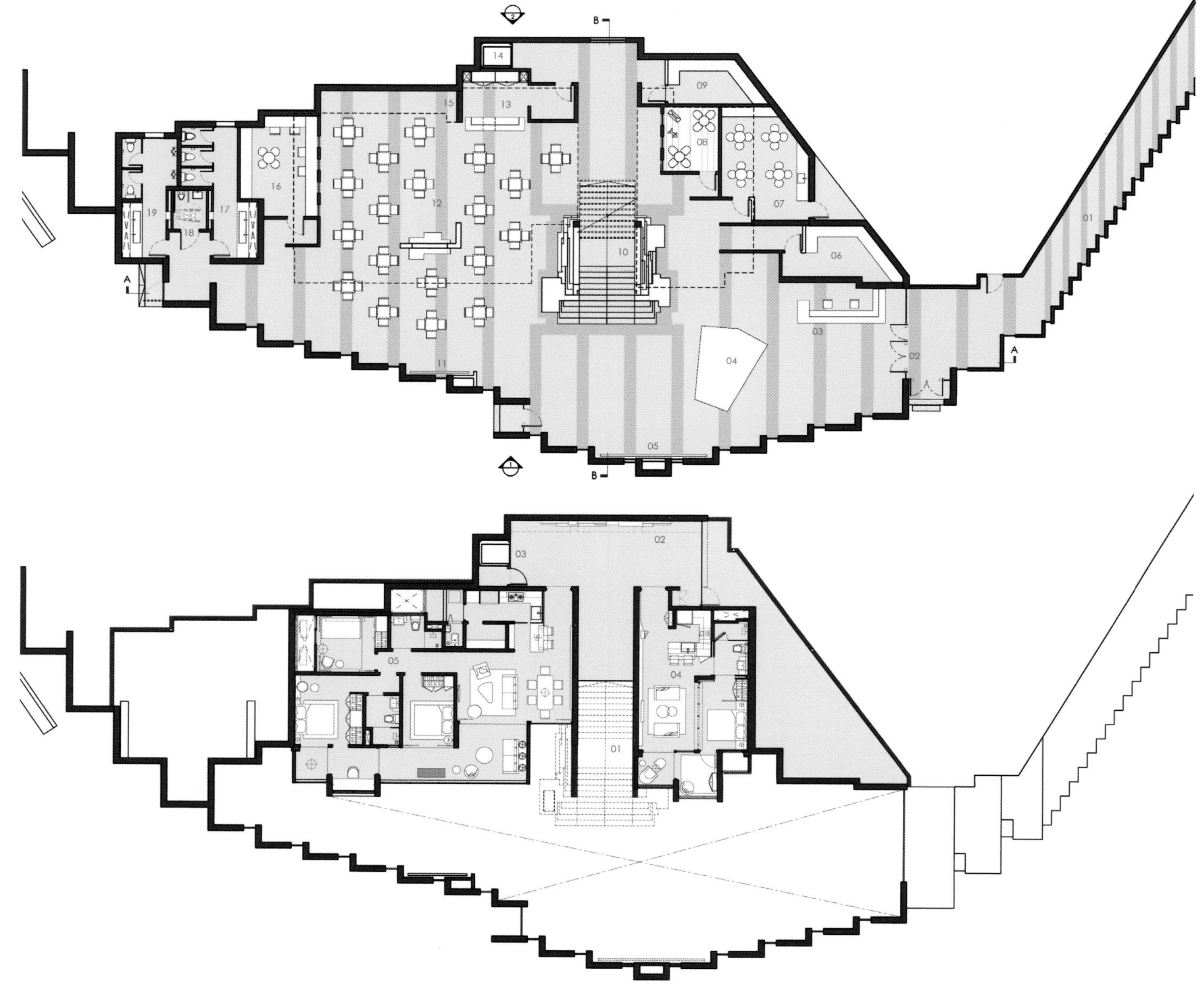
B
14
13
15
09
08
16
12
07
19
17
18
10
06
A
03
04
02
A
11
05
B
02
03
05
04
01

着建筑量体的外观。玻璃面板的精心铺排，强化着内里向外的视线及入口，但却回避着来往车辆和行人的目光。闹市中的驻足、观赏、洽谈自然也因此避免了外界的任何干扰。

墙面的厚重、玻璃的轻盈，两种截然不同的旋律于空间 7 米处会聚。因此也形成了双高的内里空间。临空观望着样板间、阳台，如此的影像俨然模仿的是高层的住宅观感。音律化的观感贯穿于整个空间，与建筑一起从视觉上、经验上为来宾打造一种动感。

包罗万象的设计语言，运用于地板、墙体、饰面、家具、标示。两个样板空间，其一“型房”设计，吸引着现代的年轻家庭；其二量身定制，为设计业内树起了一个示范。

这里有着现代的奢华，却无室内设计、软硬装的做作与虚饰。因为这里的奢华，是低调，是自然，是对新加坡天时、地利的适应与运用，是一种美学的展现。

EVERYTHING

RIPPED
Life

北京金地格林售楼处
Golden Green Sales Center in Beijing

设计公司：上海天鼓装饰设计有限公司
设计师：杨俊、黄婷婷
摄影师：孙翔宇
主要用材：欧茶镜、白色人造石材、雅士白大理石、白色木纹玻化砖、欧茶镜面不锈钢、橡木木饰面、黑色拉丝不锈钢
面积：908㎡

Design Company: Shanghai Tiangu Decoration Design Co., Ltd.
Designer: Yang Jun, Huang Tingting
Photographer: Sun Xiangyu
Material: Tawny Mirror, White Artificial Stone, Ariston White Marble, White Grain Tile, Tawny Mirror Stainless Steel, Oak Veneer, Black Drawbenched Stainless Steel
Size: 908㎡

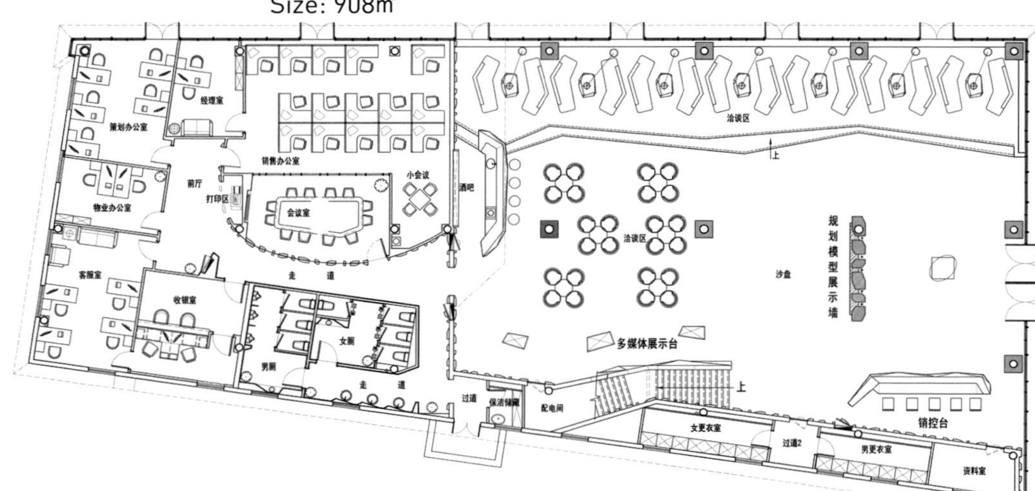

本售楼处虽然迎接的目标客户大部分为年轻刚性需求客户，但在定义风格时，首先还是突出金地高端品牌的意向。

室内设计首先是高档的，在高档之中加入了年轻的元素。深色的主景墙和立柱的装饰延续了外立面不等距的沉稳的竖向分割，同时植入了代表年轻的斜向分割；在色彩上也以高档的咖色为主造景颜色，其他色系为浅米色。销控台、模型台、水吧台、茶几、楼梯侧板皆为白色的钻石切割面，隐喻了婚纱的洁白和婚戒的造型，给目标刚性需求客户群带来心理遐想和预期。

深圳中粮锦云营销中心
Jinyun Sales Center of Shenzhen COFCO

设计公司：深圳市世纪雅典居装饰设计工程有限公司
设计师：聂剑平、张建
主要用材：大理石、岗石、水晶玻璃棒、艺术壁画
面积：1 000㎡

Design Company: Shenzhen Hover House Interior Design Co., Ltd.
Designer: James Nie, Zhang Jian
Material: Marble, Granite, Crystal Glass Rod, Mural
Size: 1,000m^2

营销中心担负着展示项目素质及品牌形象的职责，要体现楼盘所在地域的领先优势，同时也要影射中粮集团的精致品牌形象。设计在强调整体空间的流畅大气的同时，融入时尚的元素以表达与时俱进的时代感。

简洁利索的切面关系与贯穿始终的竖线条联系着整个空间，使空间充满着节奏与韵律。有如植物藤蔓的地面拼花与巨幅的墙面艺术壁画，恰似乐章间跳动的音符，蕴涵着“中粮”的品牌内涵。

水晶吊灯、吧台镂花、水晶玻璃棒吊饰都是经过独特设计的艺术品，为整个空间增添独一无二的装饰效果与艺术品位。

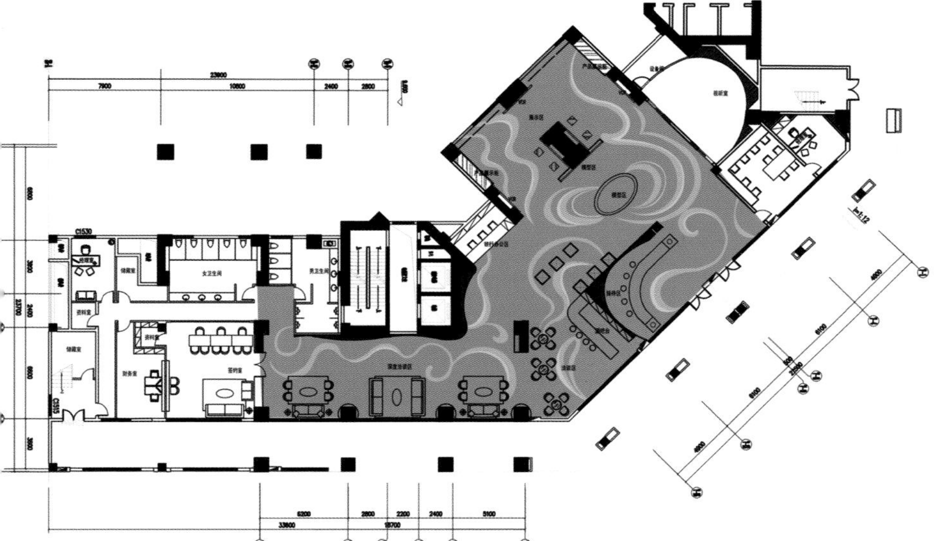

重庆财信沙滨城市销售中心
Caixin Shabin Sales Center in Chongqing

设计公司：深圳市派尚环境艺术设计有限公司
主创及陈设设计师：刘来愉、周静
主要用材：皮革、布艺、不锈钢、大理石、木饰面
面积：1 580 m²

Design Company: Shenzhen Panshine Interior Design Co., Ltd.
Chief and Furnishing Designer: Liu Laiyu, Zhou Jing
Material: Leather, Fabric, Stainless Steel, Marble, Wood Veneer
Size: 1,580m²

该项目的核心卖点是“高品质江景大社区”，但该项目周边有很多同质楼盘，如何让该销售中心跳脱出雷同的局面，具有一定的辨识度，也是我们设计的方向。在前期的了解中，我们注意到该项目位于临江的台地之上，视野极佳，因此我们在设计中充分利用建筑这一优势。在平面布局时，使得洽谈区、贵宾室等都能享受到最佳的视野。中空的设置也让整个空间视野更通透。由于项目建筑风格为 Art-Deco ，因此设计师以精致、简练、艺术为风格定位，希望空间在延续整体建筑独特气质的同时，表达出一种高品质的国际化的生活态度，创造出类似五星级酒店大堂的氛围体验，从而唤起人们对高品质居住环境的联想。

接待大厅设置为椭圆，打破了整个空间原本方正的格局。平面布局上，

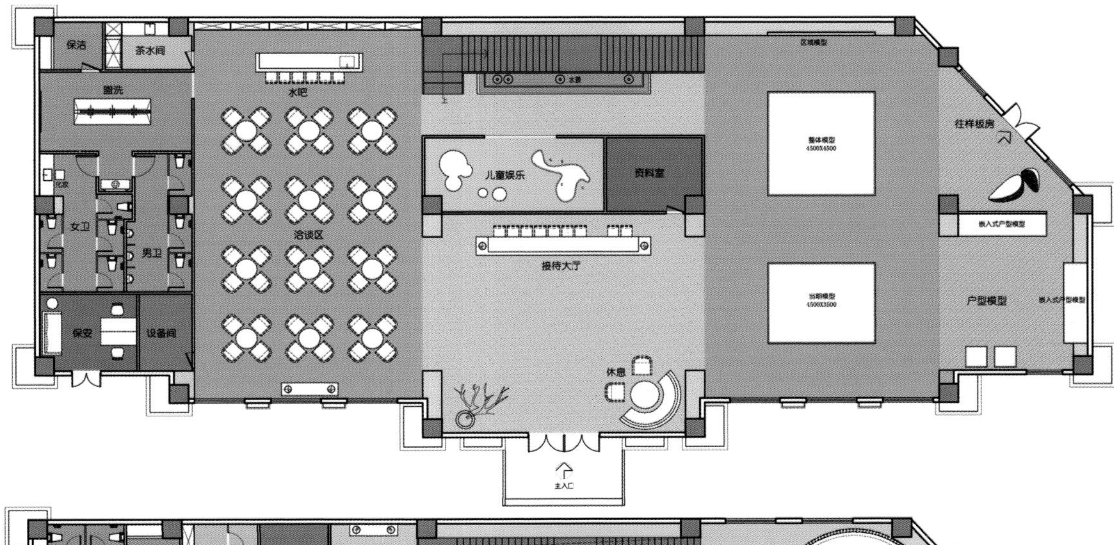

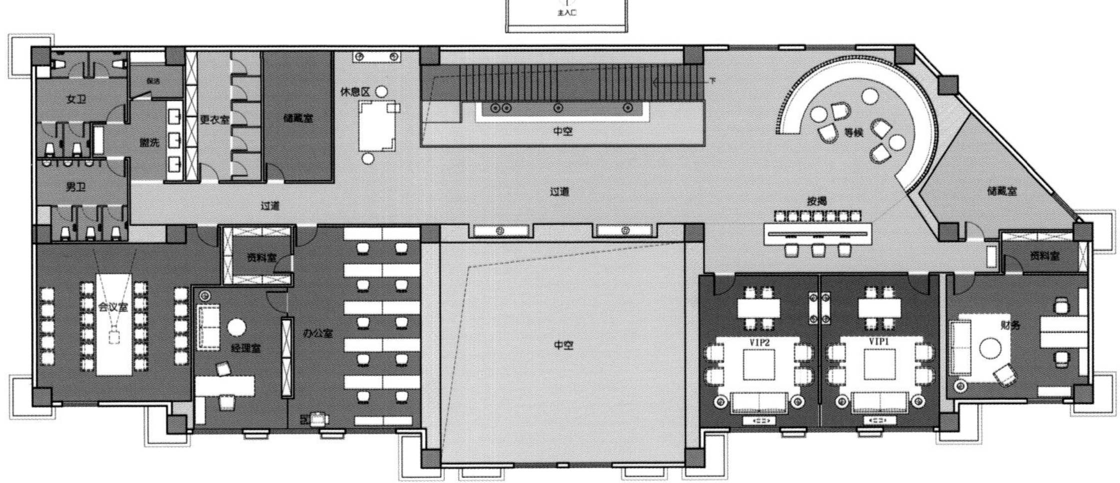

除保留甲方坚持的区域划分点外（例如收银台等），根据项目的特点进行了室内区域划分，灵活设置，充分考虑到了周边的地形、环境、交通及销售期间的交通组织。针对销售流程，整个销售中心设置了两条动线（初次到访和多次到访可以选择不同的动线），使得整个销售流程高效简洁。设计师还充分考虑到重庆阳光少、阴天多的气候特点，因此在设计中充分考虑了自然采光与灯光设计。

台湾Living More接待中心
Living More Reception Center in Taiwan

设计公司：齐物设计事业有限公司
设计师：甘泰来

Design Company: Archinexus Design
Designer: Gan Tailai

对于设计师来说，项目先天存在的问题往往是项目展开设计的契机。就拿本案来说，相对繁杂与拥挤的周边环境，不算开阔的门前道路，加上不规整的基地，所有这些跟地域优势完全沾不上边的甚至可以说是恶劣的背景因素似乎让本案的设计变得更加举步维艰。然而，他凭借着自己丰富的设计经验与独特的设计视角，通过准确拿捏室内外的气质和对比运用丰富的材质，尽量以简洁的手法处理此不规则的空间，创造出富于变化且又有感官冲击力的空间效应。

基于本案所在地块不规则的形态以及周边环境的制约，设计师经过审慎考虑，决定将两个问题的解决方案融为一体，打造出一个让人眼前一亮的文化艺术空间，使之在周边环境的衬托下脱颖而出。项目所处的中山北路人文色彩浓厚，国际顶级奢侈品牌林立，形成了一个具有精品气质的文化社区，设计师将书房的概念融入项目的外观设计和内部陈列中。从建筑的铁铸装饰外立面到内部的设计规划，都以书柜的剪影为主题，

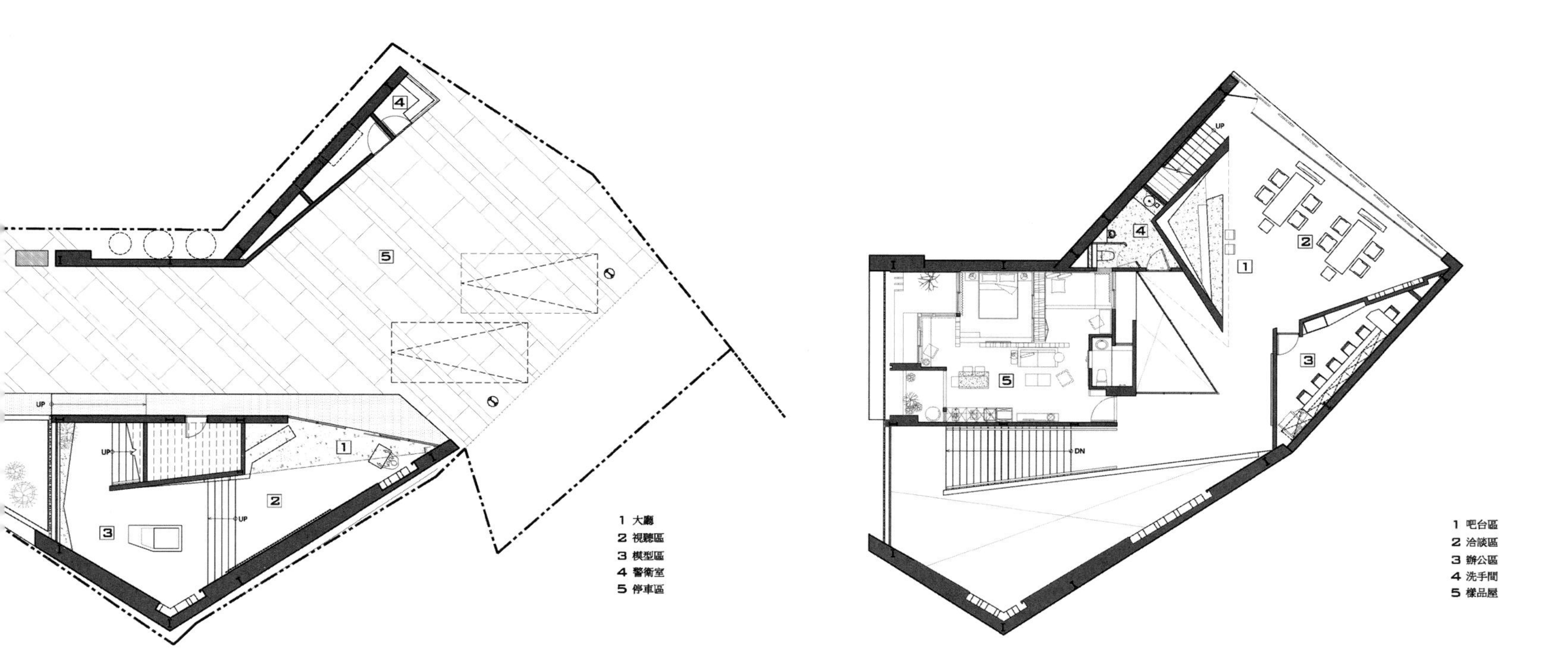

达到内外呼应的效果。尤其是内里空间的打造，大量的书架铺饰，有一整面墙的落地书架，也有耸立一角的书架，造型简洁大方，既可摆放各式图书，也可用于艺术品陈列，洋溢出区别于传统售楼部商业味道的文化气息。

其次，在内部空间的设计上，设计师将中式园林中的移步换景的造景手法移植到空间中来，使得行进空间转折有趣，视野时而收缩、时而开放，形成了多种层次的空间视觉效果。虽然内部空间不大，但设计还是设置了一、二层与夹层的立体层面，每一层的尺度并不高阔，却因为行进动线的转折，呈现出空间中端景、光影、装饰的各种变化，正是设计的匠心独运，让客户在迂回曲折间，获得一步一风景的游园体验。

Creative More
Art More
Green More
Fashion More
Design More
Living More

Creative More
Art More
Green More
Fashion More
Design More
Living More

Art More
Fashion
More

Fashion
More
Design More
中山北路，一席流動的饗宴
ave lived in Paris when you are a young man, then wherever you go for the
h you, for Paris is a moveable feast.
Living More

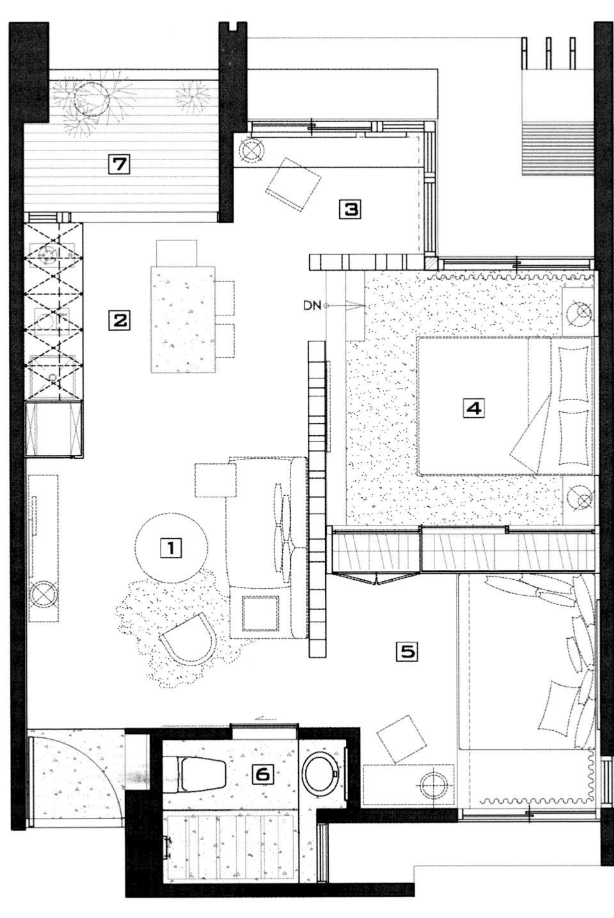
7
3
2
DN
4
1
5
6

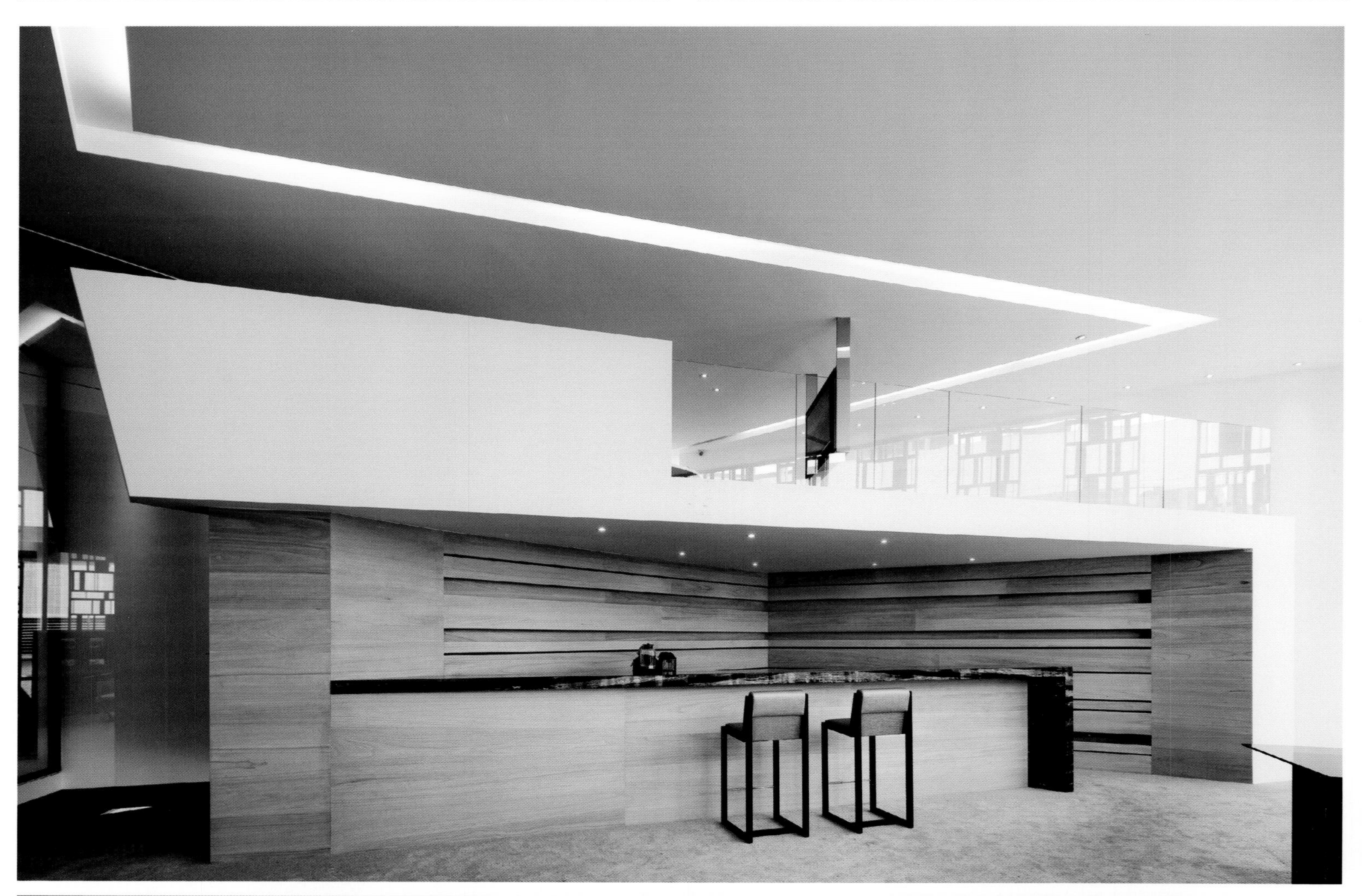

大连万科朗润园销售中心
The Sales Center of Spring Dew Mansion of Dalian Vanke

设计公司：于强室内设计师事务所
设计师：于强
面积：600m²

Design Company:Yu Qiang & Partners Interior Design
Designer: Yu Qiang
Size: 600㎡

通过原木、绿色等元素将户外的树木等的自然氛围延伸至室内，通过几何镂空的图案造型、柔和的灯光，营造一个面向庭院、树影摇曳的空间，以此带来平淡的惊喜，感受一种亲近自然的真实和奢华，给北国的城市带来一个简单、舒适、四季常青的自然空间。

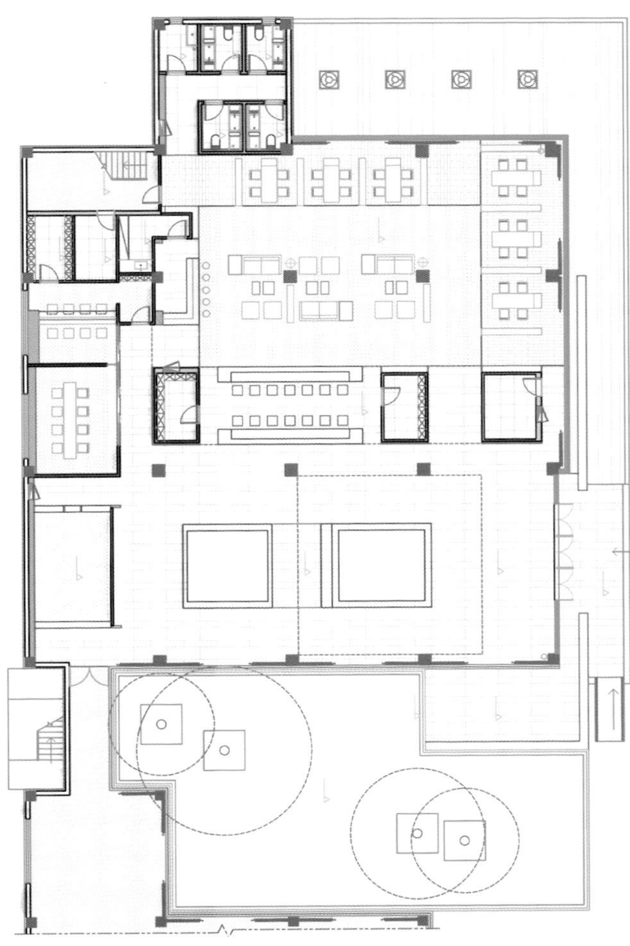

成都鹭湖宫销售体验中心
The Sales Center of Heron Lake Palace in Chengdu

设计公司：弗瑞思设计顾问有限公司
设计师：赵学强
面积：1080.4㎡

Design Company: Freespace Design & Associates Co., Ltd.
Designer: Jack Zhao
Size: 1,080.4 m^2

该项目是一个翻新的改建工程，包括建筑设计、室内设计、景观设计等，在客户的“简洁、大方，集功能性与实用性为一体”的要求下，我们在空间构成与文化构思上做了大胆尝试，以求建筑体型、空间结构与园林景观三者之间完美融合，达到功能与形式的统一，人造光与自然光得到充分发挥，形成自然的和谐。

在空间构成中，以最简单的两个构成元素“倒角的方”和“圆”构建所有的空间，将中轴线的左右上下对称关系和圆的绝对对称关系相结合，运用到空间的各个平面与立面，使之既具有古典主义空间气质，又带着时尚的美感，模拟水面的曲线天花和蓝色水波图案的地毯大面积运用，更增添了空间的浪漫主义情怀。整个空间在对称中可以找到非对称的特点，又在看似不和谐的画面中感觉到整体的和谐。

在文化构思中，以项目名“鹭湖宫”的“鹭”为核心延伸开来，以它的生活环境——“湖”为背景演绎鹭的故事，以它最喜爱的食物——“鱼”为点睛之笔，结合水面、天光等自然环境，运用湖光波纹、鱼儿气

泡等元素营造出一个“湖光山色迤逦风光”的城堡——“宫”，将人居建筑与自然环境完美结合。

选材上大面积运用低成本的“乳胶漆”，并大面积采用立面玻璃墙，充分将自然光介入空间结构，大量采用多媒体交互式设计，让开发商在信息传播上占据主动优势，既营造出简洁、大方、纯净的空间氛围，又达到控制项目运营开支的目的；其呈现出来的效果，既满足了作为销售中心的功能，带给客户对“亲近水岸人居生活环境”的向往，又呈现出“极致简约、低调奢华”的视觉效果，整套设计真正做到了“低成本、高性价比”。

深圳兰江山第香蜜湖售楼中心
Sales Center of Mountain of Orchid River in Shenzhen

设计公司：戴维斯室内装饰设计（深圳）有限公司/戴维斯（国际）设计及顾问有限公司
设计师：Thomas（HK）、Wing（HK）
主要用材：大理石、墙纸、黑钢、精钢、玫瑰钢、玻璃、木饰面、地毯
面积：1 900m²

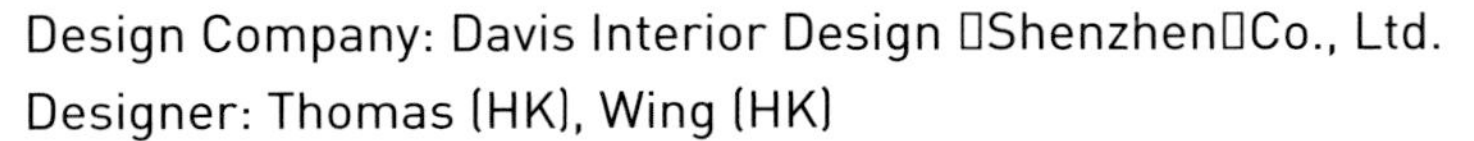

Design Company: Davis Interior Design (Shenzhen) Co., Ltd.
Designer: Thomas (HK), Wing (HK)
Material: Marble, Wallpaper, Black Steel, Stainless Steel, Rose Steel, Glass, Veneer, Carpet
Size: 1,900m²

韵律动感

以点、线、面堆叠的动态平衡，塑造出多层面的立体观感和不规则的组合样貌，让室内空间的律动感油然而生，仿佛艺术画廊般，增添了不少艺术气息，也寄托了企业自强不息创造美好生活的心愿。

自然清新

自然清新的主题，诠释着智慧天地的生机勃勃，内设影院，它形似一枚金色的卵，寓意宇宙与地球，也寓意生命的诞生。欣欣向荣的发展先机，与自然美景相呼应。采用绿色环保材料，打造出高档次的独有品牌式概念。

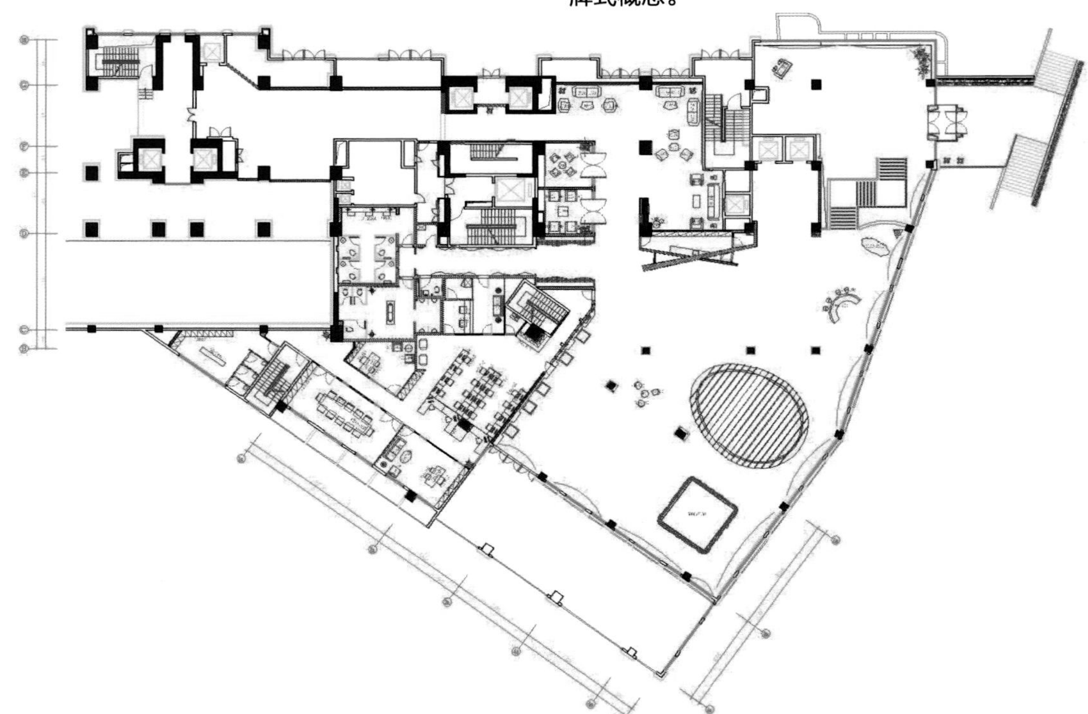

影音展示厅金蛋主题——生命

走出漆黑的回忆空间，来到二层电梯厅，打开门的那瞬间，一道亮光让整个感觉形成了一个强烈的对比，从黑漆漆的空间到光芒四射令人眼前一亮。墙身依旧以白色简洁营造艺术空间，重点是天花上的半透明水晶棒并排贴出的一道星河，引领客户去探索展厅的下一个主题——生命，天花上的星河与金蛋（生命）互相呼应，因此星河造型寓意着那是金蛋“巢”的根本 。

金蛋形状的艺术品寓意生命，生命是由精心细致的心灵创造的，它

它要经过许多的历程。

就好像客户进入生命展厅中，欣赏影音展示楼盘的短片，感受兰江地产为他精心细致打造的新生命的美好生活环境——兰江山第。

模型展示厅主题——诞生

客户在心灵上从生命中初步探知兰江山第的新生独有生活环境，再往出口处就是整体的展示空间，以艺术家细致创造的扭曲形状为模型台阶，扭曲的造型就好像万物不断地变化从而诞生出的新环境。兰江山第就是兰江地产经过细致的设计而精心打造所诞生的高质量生活环境。

精心的设计不限于主体空间，就连贵宾室、走道、卫生间、看楼通道等都能体会到设计师精心营造出来的艺术空间感，让客户深深感受到他们精心打造的艺术环境及舒适服务，给他们留下深刻的独一无二的印象。

福州宇洋中央金座
The Sales Center of Yuyang Central Gold Building in Fuzhou

设计公司：十上设计师事务所
设计师：陈辉

Design Company: Tenup Design
Designer: Chen Hui

由福建宇洋房地产开发有限公司投资开发的“宇洋中央金座”是一幢由超高层综合甲级写字楼构成的商务建筑，身处海峡金融街，位于闽江北岸、与东部新城隔江对望，紧邻 40 万平方米的万达城市广场，占据城市的最核心。如此良好的区位优势，使其从诞生伊始便牢牢地占据商业办公制高点，远眺万顷江景，近瞰百万繁华，成为金融街区第一高江景商务新标杆！

为充分契合该项目“商务新标杆”的定位，其由十上设计团队领衔设计的售楼部（接待中心）主要以“以少胜多，以简胜繁”的设计理念为原则，省去多余的墙面体积，提升凝练出一个高度浓缩与概括的干练空间，以达到最大限度地使用体量空间的目的。同时，这样的设计也迎合了现代人亟欲摆脱复杂烦琐，追求简单和自然的心理需求。

环视整个售楼空间，设计师避免了烦琐的造型与细部装饰以及过多过浓的色彩点缀，利用新材料、新技术配合冷色调塑造出一个本能的、理性的以及凌厉的空间氛围。而创意家具以及现代工艺品则理所当然地成为诉说空间表情的首选。天花上的点缀艺术，是本案最引人目光停驻的。传统的石灰膏天花设计为成群结队的“鱼群”工艺所取代，如鱼戏水，悠然游乐，跳跃不息，煞是欢乐。如此优美灵动的姿态背后，是被激活了的生命力，让人们在快节奏、高压力的生活中得到适当的喘息。

台湾CBD时代广场接待会馆
CBD Times Square Reception Club in Taiwan

设计公司：大研空间室内设计研究所
设计师: 张莉宁
参与者: 谢坤成、简钰君、李信源、王贞雄
摄影师: 赖建作
主要用材: 卡拉拉白石材、镀钛金属、超白烤漆玻璃、梧桐木皮染黑、黑色烤漆玻璃

Design Company: Dayan Space Design Studio
Designer: Zhang Lining
Participant: Xie Kuncheng, Jian Yujun, Li Xinyuan, Wang Zhenxiong
Photographer: Lai Jianzuo
Material: Bianco Carrara Stone, Titanizing Metal, Supre White Paint Glass, Black Painted Chinese Parasol Tree Bark, Black Paint Glass

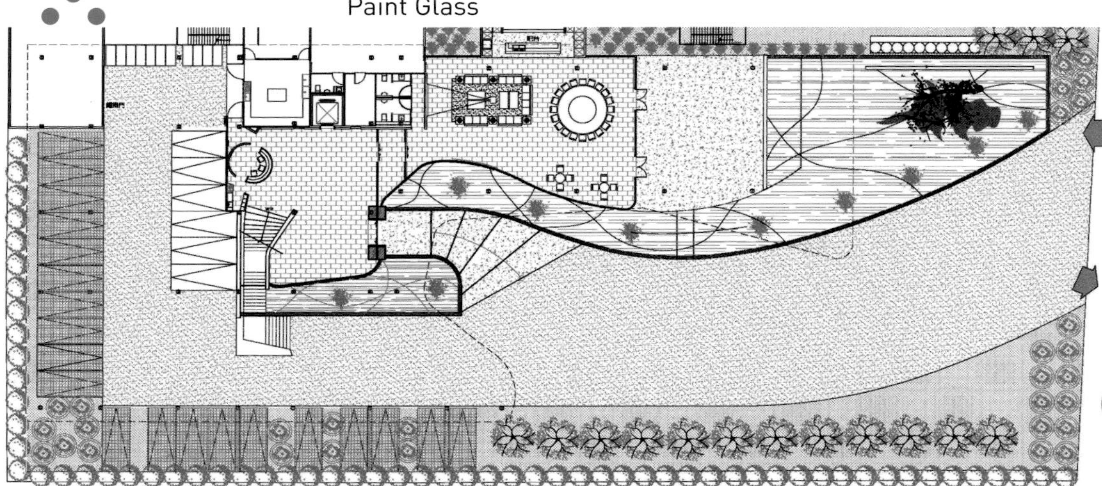

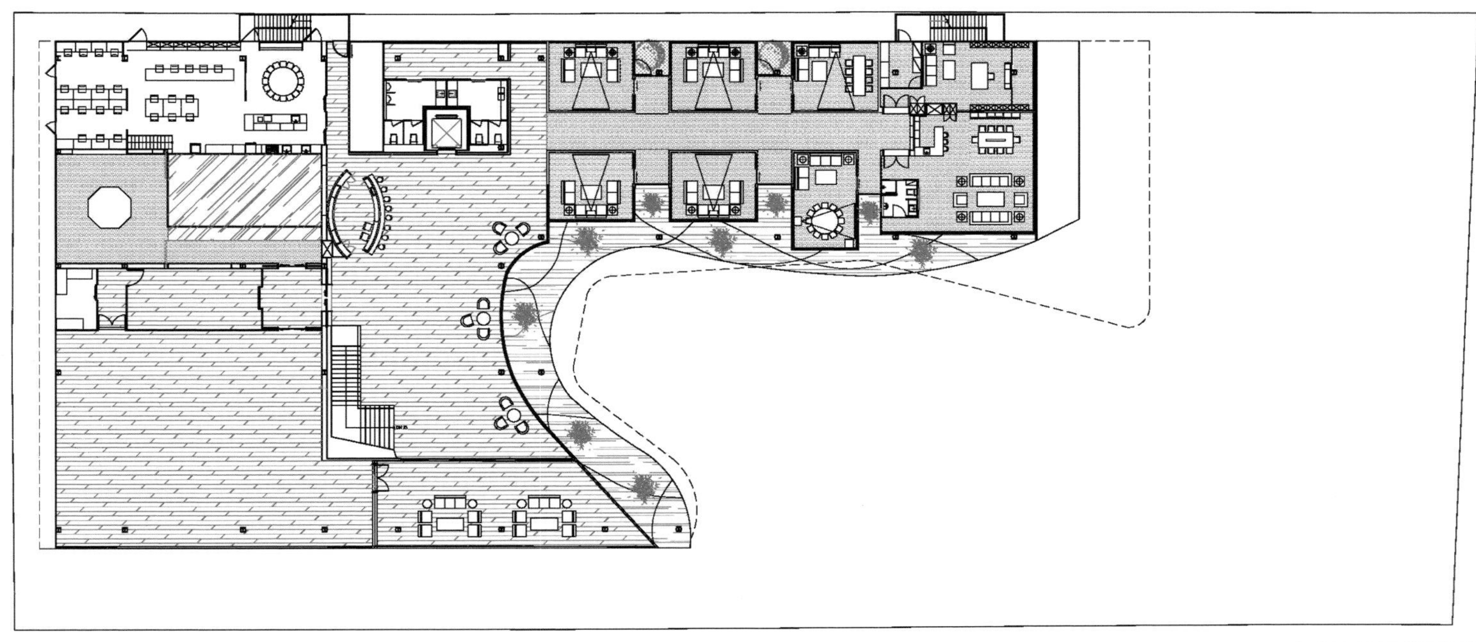

这个坐落于台中市中港路、惠来路口的独特的CBD时代广场接待会馆是由大研空间室内设计研究所设计的，其室内面积为3 305.7平方米，是一个双层的流线型建筑。该双层建筑依靠数根黑色的圆柱支撑起来，黑白色调的外部建筑形态，线条流畅、柔软、圆滑、弯曲，体现了极高的美学价值。它不像传统的四四方方的建筑物那般硬朗、棱角分明，它富有动感，强调一种形态的连续性，彰显一种柔性的魅力。

从整体上来看，接待馆的外立面大都饰以玻璃材质，有利于将大量的光照引入室内，使得整个建筑看起来通透明快。建筑内部规划除去必需的服务台、洽谈区、沙盘区，还涵盖了多功能展示厅、影音介绍馆、文艺表演馆以及绿波廊等功能区，真正做到全方位、多角度地向客户解读楼盘信息。室内装饰以黑白色调为主，局部点缀红色与绿植，使冷酷的黑白多了些许的妩媚与温馨，同时亦无碍于其时尚、简约、干净的整体形象。

吧台的设计很有意思，背景墙、天花都是弧线造型，在直线造型的高脚凳面前流露出一点点的活泼与调皮。不仅如此，离吧台不远处的休闲区也安置了三把弧线造型的座椅，或红或黑，在这有限的区域里缔造出一种无与伦比的时尚。因为，神秘炫酷的黑色搭配热烈妖娆的红色一直都是时尚界和艺术界公认的最为经典的颜色组合。

武汉销售中心
Wuhan Sales Center

设计公司：尚策室内设计顾问（深圳）有限公司
设计师：李奇恩、陈子俊
面积：1 500㎡

Design Company: APEX Design Consultant Company (Shenzhen)
Designer: Li Qi'en, Chen Zijun
Size: 1,500m²

武汉销售中心项目所在地是武汉市商贸中心地区——汉口镇硚口区，硚口——这颗汉江边上的明珠，正闪耀着夺目的光辉。

设计中以水为灵感，销售大厅洽谈区上空以水的曲线形态演变而来的水晶灯与椭圆的金钢背景墙及两端的波浪造型墙相呼应，光的透入与景的整合使空间产生了意义的变化，不仅仅是饰物，同时也很好地结合了楼盘“星汇云锦”的元素，构筑了这个引人冥想的内部空间。

堪比五星级酒店的销售大厅，阔绰奢华，金碧辉煌。设计规划分为两层，一层有两间豪华贵宾室、挑空 7 米高的椭圆形影音室以及 6 个独立的贵宾洗手间，还有充满活力、时尚的儿童空间，这些足以体现其传达给所有来访客户的高贵尊崇之感；二层为认购签约区及办公区域，空间与众不同的设计，很好地调和现场气氛，达到和谐尊崇的主题。

作为销售中心，某种意义上它代表着硚口金三角项目的内在气息，尊贵、时尚，并且有着强烈的形象感。

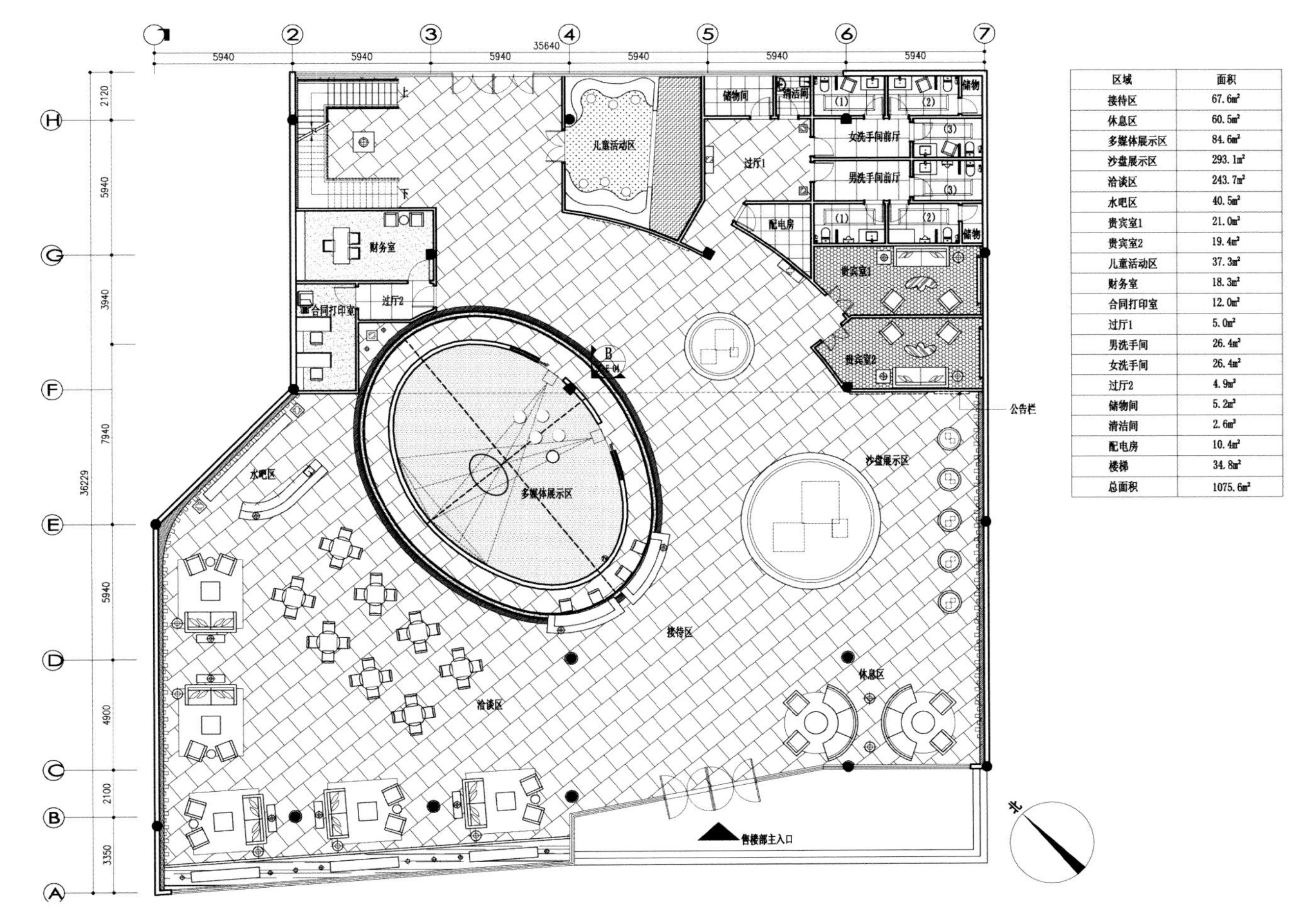

区域	面积
接待区	67.6m²
休息区	60.5m²
多媒体展示区	84.6m²
沙盘展示区	293.1m²
洽谈区	243.7m²
水吧区	40.5m²
贵宾室1	21.0m²
贵宾室2	19.4m²
儿童活动区	37.3m²
财务室	18.3m²
合同打印室	12.0m²
过厅1	5.0m²
男洗手间	26.4m²
女洗手间	26.4m²
过厅2	4.9m²
储物间	5.2m²
清洁间	2.6m²
配电房	10.4m²
楼梯	34.8m²
总面积	1075.6m²

杭州中粮方圆府现场售楼处
The Sales Center of Fang and Yuan, COFCO (Hangzhou)

设计公司：杭州大尺室内设计咨询有限公司
设计师：李保华
主要用材：灰贵州木纹大理石、复古面木地板、橡木木饰面、仿真植物、墙纸
面积：600m²

Design Company: Hangzhou Dachi Interior Design Consultant Co.,Ltd.
Designer: Li Baohua
Material: Wood Grained Marble, Retro Wood Flooring, Oak Veneer, Artificial Plant, Wallpaper
Size: 600m²

当都市越来越繁忙，人们希望暂时逃离都市过归隐生活时，售楼处展示生活理念和价值就比展示房子更重要。

项目位于桥西板块，历史上这里是储粮仓库，城市蚕食乡间的速度飞快，楼盘附近的体育公园已经建设完成，项目在策划阶段就以城市公园作为概念，因此在售楼处设计中以“向往自然，亲近自然”为中心。建筑的西边临河，北面沿马路，东面就是楼盘，南面为展示样板房。用于建售楼处的地块狭长，建筑呈长条形，室内参观动线很难展开，因此设计中采用了比较有争议的流线造型，通过曲折的流线结合曲线的墙体分隔，使室内空间变得灵动起来，最后成为整个设计的亮点。整体建筑呈半开放形态，洽谈区设在面向河边的一面，大片的玻璃幕墙模糊了室内和室外的分界，藤家具的设置及室外绿化向室内的延伸，结合吊顶落叶状的装饰物有意营造一种户外林荫下休憩洽谈的意象，同时又将河景尽收眼底。室内高耸的木挂板墙将门厅、展示区、视听室、洽谈区连接起来，木板间隙中种植仿真植物，犹如透过茂密树林看到的远处芳草地，同时又使整体空间虚实结合，富有神秘感。室内的装饰品和家具也以自然元素为主题，背倚树木，轻触近在咫尺的绿意，在静谧的空间中体验居住的价值，让所有人都无法拒绝这份美的期望和诱惑。建筑与自然的结合，没有过度的装饰和造作的形态及堆砌的材料，只是将自然的美发挥到极致，让自然气息直达人们的心灵，为烦嚣的都市留下一抹绿色的记忆。

接待门厅——打破传统入门即见沙盘的布局，延长销售动线，营造环形廊道，让参观的人能感受到浓烈的自然气息，对项目形成良好的第一印象。木挂板墙面的垂直感加强了空间的体量感，并且制造出了犹抱琵琶半遮面的戏剧效果，加强了项目展示的神秘感，以催生人们的探知欲，从而加强了记忆。

展示区——顶部的纱帘制造一种微风曼妙的感觉，轻盈的体态与实体厚重的沙盘形成对比，一虚一实之间充满和谐。

洽谈区——大面积玻璃将人的视线向室外延伸，室内绿化与室外融为一体，仿佛置身于公园林荫下洽谈，营造轻松惬意的环境，使人们放松心情，提高洽谈的成功率。

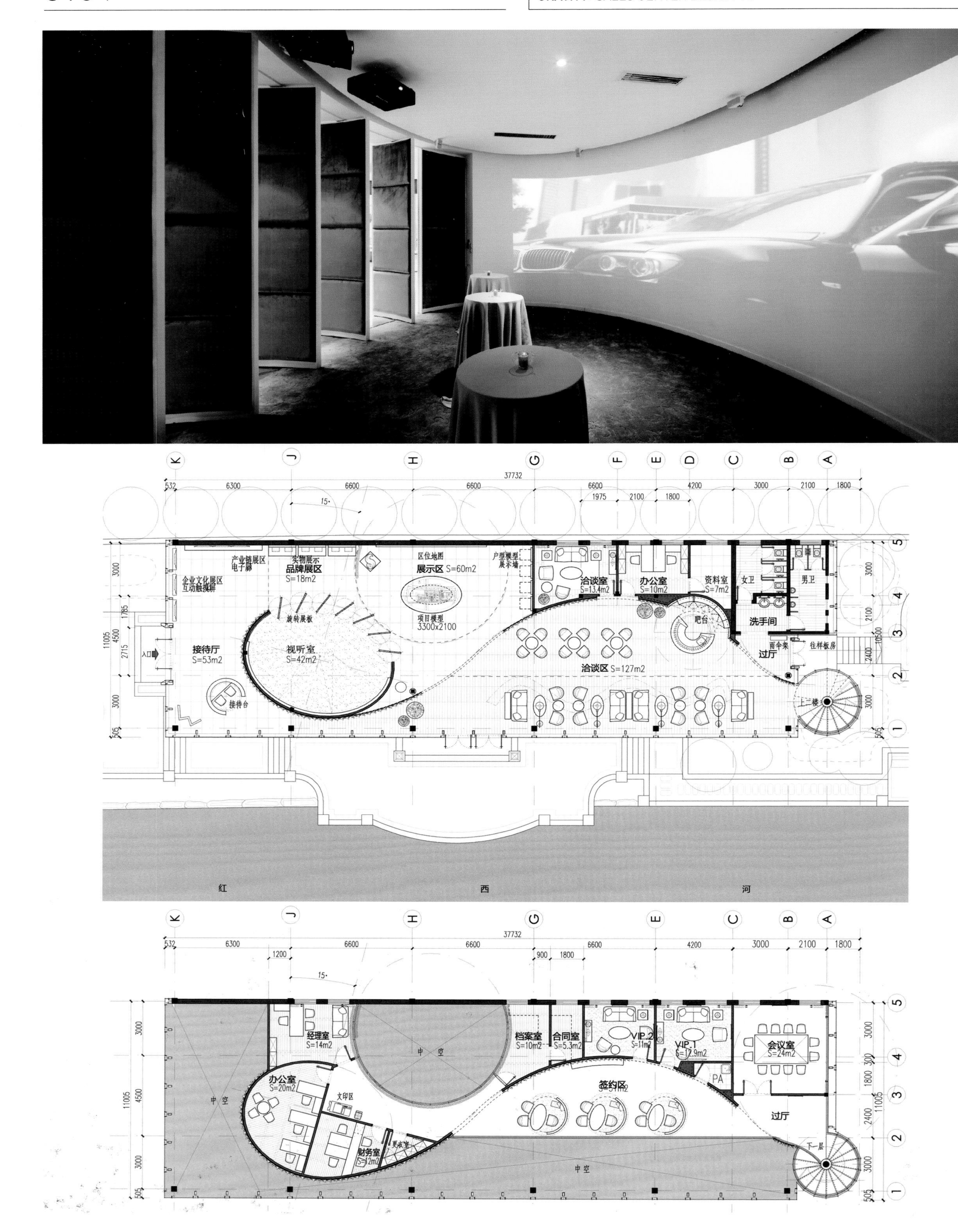
企业文化展区
互动触摸屏
产业链展区
电子屏
实物展示
品牌展区
S=18m2
区位地图
展示区 S=60m2
户型模型
展示墙
洽谈室
S=13.4m2
办公室
S=10m2
资料室
S=7m2
女卫
男卫
旋转展板
项目模型
3300x2100
吧台
洗手间
入口
接待厅
S=53m2
视听室
S=42m2
洽谈区 S=127m2
过厅
雨伞架
往样板房
接待台
上二楼
红
西
河
经理室
S=14m2
中空
档案室
S=10m2
合同室
S=5.3m2
VIP.2
S=11m2
VIP.1
S=12.9m2
会议室
S=24m2
办公室
S=20m2
文印区
签约区
财务室
PA
过厅
下一层
37732

中粮
COFCO
中国领先的食品领域供应商
产业链 好产品
悦活
GREATWALL
SNOW-LOTUS
帕玛多利
POMODORO
山萃
SUNDRY
香雪
五谷道场
CHINATEA
服务链 好生活

ETERNITY MANSION
中粮·方圆府

下城区
新天地CBD
运河CBD
西溪湿地
武林商业核心
钱江新城
钱江世纪城

深圳田厦国际销售中心
Tiansha International Sales Center in Shenzhen

设计公司：于强室内设计师事务所
设计师：于强
主要用材：白宫米黄大理石、白色烤漆瓦楞铝板、超白钢化玻璃夹白胶、阳极氧化铝板、镜面不锈钢等
面积：1 000m²

Design Company:Yu Qiang and Parnters Interior Design
Designer: Yu Qiang
Material: Marlin Beige Marble, White Paint Corrugated Aluminum, Super White Glass Clip, Anodized Aluminum Plate, Mirror Stainless Steel, ect.
Size: 1.000m²

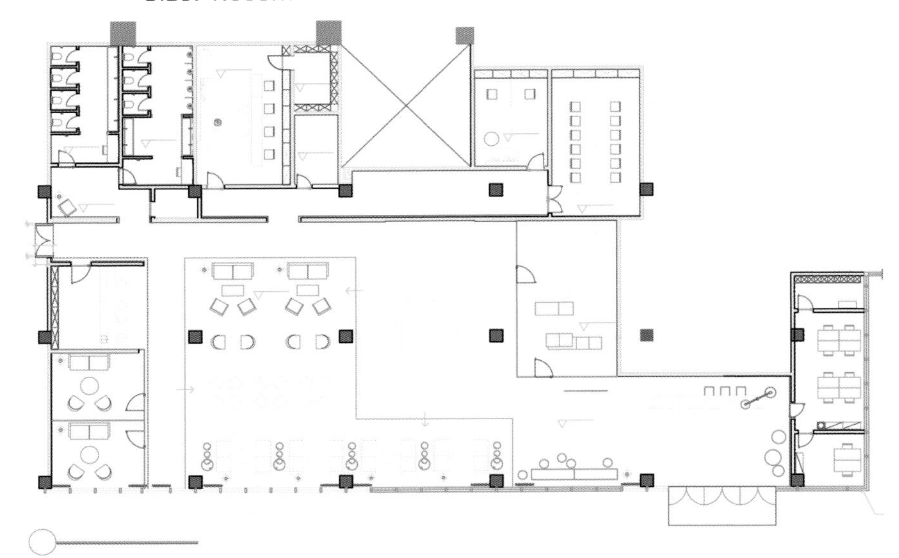

利用六边形组合成的带有几何感的悬吊造型充满整个空间，密密的细线叠加在造型上，地面黑白木纹大理石的直线元素运用，使得室内空间既保留了建筑自身理性的特点，又增添了些许柔美的气氛。几何镂空的图案造型作为分隔空间的装置，把洽谈及展示区分成两个大的区域，既开敞又不失私密感。金属材质的点缀，增加了空间的时尚气质。

太原万科蓝山售楼处
Vanke (Taiyuan) Blue Mountain Sales Center

设计公司：达观设计
设计师：凌子达、杨家瑀
摄影师：施凯
主要用材：蓝灰色+珍珠粉全亚光氟碳金属漆、米灰色+珍珠粉全亚光氟碳金属漆、碳色喷砂不锈钢、波斯灰大理石、树根洞石、拉提木、高士木、硅酸钙板、欧洲茶镜
面积：980㎡

Design Company: Kris Lin Interior Design
Designer: Ling Zida, Yang Jiayu
Photographer: Shi Kai
Material: Matt Fluorocarbon Metallic Paint, Sandblasted Stainless Steel, Marble, Travertine, Wood, Calcium Silicate Board, European Tawny Mirror
Size: 980 m^2

万科“蓝山”位于太原市和平南路，是万科对老厂区改造所专门研发的项目品牌。作为万科在长风街落地的第三个项目，太原万科蓝山以城市更新为背景，以保留性开发为原则，秉承万科第四代工改元素——文化蓝山，以现代的设计手法传承工业遗存，发扬山西文化，创造时尚生活，打造融合历史、现代、艺术、人文的都市社区品牌。

按照设计师的设想，蓝山售楼处的设计规划应顺从该项目的中心立意，从整体造型到细节的各个环节都要紧扣中心，力求演绎出一个人文艺术与时尚品质并重的室内空间。

在立体主义思维的引导下，空间中多处不规则的几何切割造型成为整个售楼处的焦点，它或充当区域隔断，或为墙体造型……无论如何，不同的造型、功能演绎，配合各种从四面八方穿透而来的光与影，成就了整体的空间变化，丰富了空间表情。这样的设计是自由的，它简洁大方，

TAIYUAN
HILLS

没有多余的装饰，在强调人与空间的尺度关系之余又突出了理性的艺术表现。

至于色彩方面，毋庸置疑，蓝色是蓝山设计中一种不可或缺的重要色彩。此外，设计师还将米色、灰色、浅紫色等用于地板、家具中，使得整个设计作品既有蓝色的魅惑，又不失婉约清雅的格调，让人仿佛置身于特殊的艺术空间一般，感受不一样的宁静与纯粹。

当然，室内的家具、陈设乃至灯饰等，均以简洁的造型与精细的工艺为主要特征。尤其是波斯灰大理石铺设的地面，质地光洁亮丽，让室内空间倍感宽敞，内外通透。

台湾飞檐
The Eave in Taiwan

设计公司：西华艺室内设计
摄影师：邹昌铭

Design Company: Xi Hua Yi Interior Design
Photographer:Zou Changming

本案是以强风吹拂屋檐，使其发生漂移而产生解离感为理念。因为本案位于宜兰平原，业主强调当地的风势大，需要特别注意建筑物抵御强风的能力，为此我们选择以风作为设计的主轴。

接待入口处以高彩度橙橘色树影来包覆，透过阳光的过滤，使得廊道入口处产生温暖的色彩，且确保光源是纯天然的。橙橘色光影入口处利用线性重叠来产生不同的视觉感受，同时又通过全透的玻璃量体增加屋檐的悬浮程度。接待入口处的橙橘色光影与树木间的互动，形成一种虚与实之间的表演意味。夜晚将至，将白天的屋檐表演权经由夜色一步步转移给玻璃基体来主导。

主要销售中心内每区都有属于自己的吊灯。如此一来，有利于在商业谈判的过程中增加些许家的氛围。因为，本案是一个卖“家”的建筑物。销售区域那斜张的屋檐，在室内又呈现出美感。

对于办公人员区域墙面的装饰，设计以交错镜来强化空间线性交叠的其他延伸可能。而销售区域全景，则使用大量的木质墙面进行粉饰，以洗去钢结构本身的冰冷感。

义乌幸福里销售中心
The Lahas Zone Sales Center in Yiwu

设计公司：阔合国际有限公司
主创设计师：林琮然
设计师：李本涛、韩强、何山
主要用材：回收木材、水泥、黑玻璃
面积：基地 760㎡，建筑 1 300㎡

Design Company: Crox International Co.,Ltd.
Chief Designer: Li Congran
Designer: Li Bentao, Han Qiang, He Shan
Material: Recycled Wood, Cement, Black Glass
Size: Site 760m^2, Construction 1,300m^2

义乌是联合国与世界银行公认的全球最大的小商品市场。横空出世的义乌商人备受瞩目，他们的精明和智慧常常被世人称道。这些从农田转战商场的农民刚正勇为、敢闯敢为；“创新突破”是这个城市最富价值的本质。这个城市非常鼓励青年创业，以此为基础，勇于突破现状的“幸福里”电子商务孵化园应运而生。设计结合绿色主旨，让创意园成为集研发、办公、服务、展示和居住于一体的“智”造平台。

为确保成功执行绿色创意理念，大都置业委托阔合国际有限公司设计总监、建筑师林琮然，打造义乌第一个绿色销售中心。该项目不同于以往的销售中心，没有选择在基地内建造新建筑，而是找寻废弃旧有厂房进行全面空间改建。面对旧有空间结构上的种种限制，建筑师坚持再利用的理念，结合开发商的意向，创立一个全新的中式典范。林琮然认

为，绿色的观念在于持续的经营，面对一个闲置的建筑，再设计并重新利用，思考后期的功能转换，把空间的使用价值发挥到极致。旧厂房转身变为全新的销售中心，并且将未来会所的功能隐喻其中，设计中更有可持续性的长远，所以设计工作本身就意味着环保。设计随着时间的推移能够实现空间功能规划的变换，分期分阶段的布局，让空间保留最大可能性。尽可能以最少的施工介入建筑，完成目前阶段的使用需求，并努力创造出一种“小确幸”（微小而确实的幸福，出自村上春树的随笔，由日语翻译家林少华直译而进入现代汉语）的参观体验，这都是建筑师所构思的设计重点。

首先，为缓解裸露水泥表面构建的冰冷气氛，林琮然试图从美学角度打造对比度高、有着人文品位的空间。因此在原始水泥质感外添加了温润的木头，两种不同性格的元素在此结合，让建筑表面产生粗粝与细腻的不同光影变化，视觉层次丰富；水泥和木材在空间内外相互越界，既模糊又突破了建筑景观与室内的界限。考虑到配合内部三套复式样板间的对应关系，在室内延伸自然的感受，重新创造出虚与实相构筑的环境，进入样板房之前的走廊，让销售中心呈现出一个微型社区独有的生活化和人性化的氛围。

此外，在接待大厅为突显空间张力，植入像自家屋顶的大型木折板，对外巧妙地作为入口的视觉焦点，使人可以由庭院顺着线条漫步并慢慢进入建筑，真正将内外环境融为一体。而偌大的大厅也被木折板区分出两个区域。能够反射阳光的多面木板引发中国人对木头与家庭的柔软情感，该区域作为交流等候区使用；另一区域由水泥构成，保留地面与墙面坚实稳重的原始韵味，借由模型沙盘强化了人们勇于追求未来的信念，两者的交会重新塑造出简约而富有现代感的大气，通过二元一体的设计达到功能与情感的完美对话。在石与木、虚与实、新与旧间找到更为内敛微妙的共生，如此富有实验性的生机，诠释了前卫自然的设计理念。

林琮然希望人们对未来能以更加从容的状态去追求，因此销售中心的商业色彩被弱化，设计中更多融入细腻的人性化需求。空间情境上的转换，有助于人们对人生的思考，进而让生活与工作在这里编织交会。所以这里更像是一个咖啡馆或者小酒馆；在这里，可以品尝着咖啡，舒服地坐在沙发上，望着窗外的风景发发呆，或者享受一本书的悠闲时光。

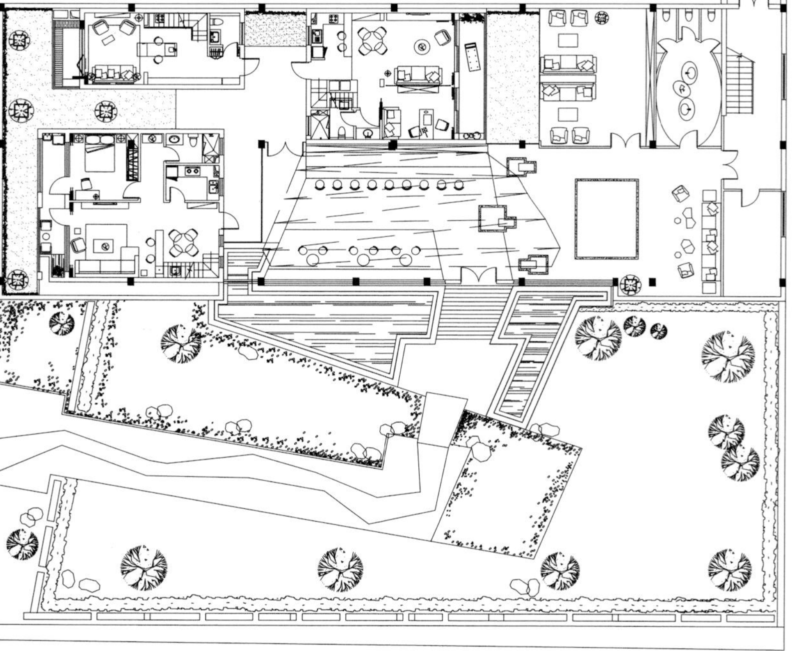

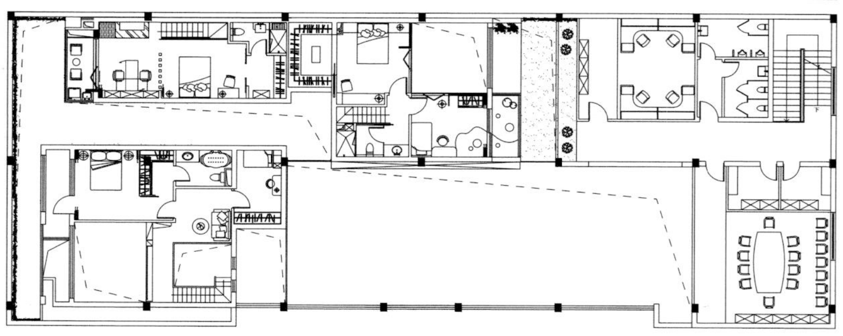

图书在版编目（C I P）数据

万有引力：售楼部设计 . 7 / 黄滢，马勇主编 . —
天津：天津大学出版社，2013.8
ISBN 978-7-5618-4776-3

Ⅰ . ①万… Ⅱ . ①黄… ②马… Ⅲ . ①商业建筑—建筑设计—中国—现代—图集 Ⅳ . ① TU247-64

中国版本图书馆 CIP 数据核字 (2013) 第 198742 号

责任编辑 郝永丽
装桢设计 阿 PAN
翻　　译 张恩

万有引力 售楼部设计 VII

出版发行 天津大学出版社
出 版 人 杨欢
地　　址 天津市卫津路 92 号天津大学内（邮编：300072）
电　　话 发行部 022-27403647
网　　址 publish.tju.edu.cn
印　　刷 上海锦良印刷厂
经　　销 全国各地新华书店
开　　本 230 mm × 300 mm
印　　张 21
字　　数 300 千
版　　次 2013 年 8 月第 1 版
印　　次 2013 年 8 月第 1 次
定　　价 348.00 元

欧朋文化 策划主编
百翊文化 联合推广

欧朋文化，怀着对中国传统文化的深切热爱，专注于对当代空间设计领域的深耕广拓，致力于推动现代中式设计的传播与发展，倡导当代设计三化建设——古典智慧现代化、西方设计中国化、中西合并国际化。

精品图书 脱颖而出

《万有引力》（系列 1 – 6）

售楼部是一个大舞台，它集楼盘定位、形象展示、销售活动、销售服务等功能于一体，是开发商、购房者博奕、争执、对话、沟通的互动空间。

精彩的售楼部设计具有超猛的诱惑力以及超强的感染力，一亮相就能吸引八方目光。对于这种倾倒众生的魅力，我们统称之为“万有引力”。《万有引力》自首次推出，每一期精彩不断，被誉为史上最红的售楼部设计图书，成为地产界与设计界必备的设计参考书。

《宴遇东方》（系列 1 – 3）

不管各国文化间的差异有多大，人们对于美食的追求却毫无二致，此心一同。美食的终极之汇，便成了宴。宴，是一场以美食为名的欢乐聚会。《宴遇东方》将东方文化融入当代华宴设计之中，吃的是美味，享的是环境，尝的是热情，品的是文化。

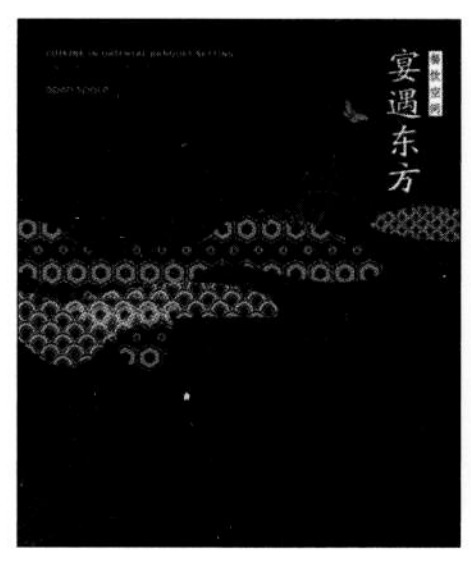

《快乐办公》

《快乐办公》办公室设计一书，鼓励一切打破常规的设计创想，宣扬快乐的工作方式。以生态、节能、文化、趣味四大指标，面向全球甄选最具想象力和创造力的办公室设计作品结集成册。本书将邀请你与 GOOGLE、Microsoft、联合利华、乐高、智威汤逊、SKYPE 等国际知名品牌共同分享色彩缤纷、造型别致、个性张扬、节能环保的快乐办公空间。